中国规模化奶牛场关键生产性能现状

（2022版）

董晓霞　马志愤　路永强　郭江鹏　等　编著

《中国乳业》杂志社

一牧云 YIMUCloud

家畜产业技术体系北京市创新团队

中国农业科学院北京畜牧兽医研究所

兰州大学草业系统分析与社会发展研究所

联合发布

中国农业科学技术出版社

图书在版编目（CIP）数据

中国规模化奶牛场关键生产性能现状：2022版 / 董晓霞等编著. --北京：中国农业科学技术出版社，2022. 5

ISBN 978-7-5116-5770-1

Ⅰ.①中… Ⅱ.①董… Ⅲ.①乳牛场—生产管理—研究 Ⅳ.①S823.9

中国版本图书馆 CIP 数据核字（2022）第 079151 号

·法律声明·

责任编辑 李冠桥
责任校对 李向荣
责任印制 姜义伟 王思文

出 版 者 中国农业科学技术出版社
北京市中关村南大街12号 邮编：100081
电　　话 （010）82109705（编辑室）（010）82109702（发行部）
（010）82109709（读者服务部）
传　　真 （010）82106625
网　　址 http: // www.castp.cn
经 销 者 各地新华书店
印 刷 者 北京地大彩印有限公司
开　　本 170 mm × 240 mm 1/16
印　　张 12.25
字　　数 159千字
版　　次 2022年5月第1版 2022年5月第1次印刷
定　　价 98.00元

《中国规模化奶牛场关键生产性能现状（2022版）》

编委会

张学炜　天津农学院　教授

林慧龙　兰州大学　教授

　　　　草业系统分析与社会发展研究所　所长

岳奎忠　东北农业大学健康养殖研究院反刍动物研究所　研究员/所长

封　元　宁夏回族自治区畜牧工作站　高级畜牧师

段鑫磊　宁夏农垦贺兰山奶业有限公司　董事长

董长军　甘肃农垦天牧乳业有限公司　董事长

韩春林　现代牧业（集团）有限公司　副总裁

主编著

董晓霞　《中国乳业》杂志社　社长

马志愤　一牧科技（北京）有限公司　首席执行官（CEO）

　　　　中国农业科学院北京畜牧兽医研究所　博士后

路永强　家畜产业技术体系北京市创新团队　首席专家/推广研究员

郭江鹏　北京市畜牧总站　正高级畜牧师

副主编著

董　飞　一牧科技（北京）有限公司　首席技术官（CTO）

祝文琪　《中国乳业》编辑部　主任

徐　伟　一牧科技（北京）有限公司　数据分析师

王　晶　《中国乳业》新媒体部　总监

编著人员（按姓氏笔画排序）

马　飞　马志愤　马宝西　王　俊　王　晶　王兴文　王礤礤　田　园

田　瑜　付　瑶　付士龙　任　康　刘　浩　刘海涛　齐志国　安添午

芦海强　李　冉　李　琦　李纯锦　李凯扬　杨宇泽　杨奉珠　何　杰

邹德武　汪　毅　汪春泉　张　超　张国宁　张宝锋　张瑞梅　陈少康

罗清华　金银姬　周奎良　赵志成　赵善江　胡海萍　姜兴刚　祝文琪

胥　刚　聂长青　徐　伟　高　然　郭江鹏　郭勇庆　黄小平　彭　华

董　飞　董晓霞　韩　萌　程柏丛　路永强　蔡　丽

序　言

奶牛是草地农业第二生产层中的“栋梁”，它利用饲草转化为人类所需动物源性食物的效率居各类草食动物之首，质高、量大，经济效益高。奶牛产业是带动现代草地农业发展的主要动力源泉之一。缺乏奶牛的现代化草地农业是不可想象的。

牛奶及奶制品以其营养全价，品味丰美以及供应普遍，为人类健康做出了不可替代的贡献。缺乏牛奶和奶制品的现代化社会也是不可想象的。

上面这两句话，我强调了奶牛和牛奶的重要性。但我说这些话的目的远不止于此。我想说的是奶牛通过对草地的高效利用，支撑了一个从远古农业到今天的现代化农业。牛奶通过它的高营养价值供应了人类从远古到今天现代化的食物类群。奶牛和牛奶将自然资源与社会发展综合为人类历史发展的“擎天巨柱”。

20世纪80年代，我国牛奶的消费量仅与白酒相当，约700万吨，说来令人羞愧，这是可怜的原始农业状态。改革开放以后，随着我国人民饮食结构的变化，牛奶的需求量猛增，而产量因多种原因徘徊不前，曾给世界奶业市场造成巨大压力，甚至发生扰动。至今我国牛奶人均消费量仍只有日本和韩国的1/3，约为欧美人均消费量的1/5，今后随着人民生活水平的不断提高和城镇化持续发展，我国牛奶供需矛盾势必不断增大。

尽管近年来我国奶业工作者通过不懈努力取得了巨大进展和成果，但总体来看与欧美等奶业先进国家相比还有差距。

现状如何，差距何在?马志愤等同志组建的一牧科技团队多年来从现代草地农业的信息维出发，利用互联网、云计算、物联网、大数据和人工智能等新兴技术构建草地农业智库系统，通过该智力平台帮助牧场实现信息化升级，及时发现问题，提出优化建议，核心在于提升牧场可持续盈利能力和国际竞争力，为牧场的科学管理和发展做出新贡献，将我国规模化牧场的数字化管理提高到世界水平。此书今后将每年更新出版发行一版，是记录和体现我国现代化牧场数字化管理的试水之作。此书的出版是我国数字科技推动奶业发展的过程和成果，对规模化牧场经营管理具有重要的参考意义。

此书的出版不仅反映了牧场信息化科技成果的时代烙印，更重要的是让我们了解中国规模化牧场生产现状，通过全行业坚持不懈的努力，将有助于改善我国农业结构和保障我国食品安全，为我国人民健康水平的提高提供实实在在的帮助。

书成，邀我作序，我欣然命笔。

任继周于涵虚草舍

2020年仲秋

前　言

“十四五”时期是推进我国农业农村数字化的重要战略机遇期，用数字化引领驱动农业农村现代化、用数字农业为乡村全面振兴提供有力支撑得到了国家层面的高度重视。2021年中央一号文件提出，发展智慧农业，建立农业农村大数据体系，推动新一代信息技术与农业生产经营深度融合。运用现代信息技术，在经济社会的各个领域，广泛获取数据、科学处理数据、充分利用数据，优化政府治理与产业布局，形成“用数据说话、用数据决策、用数据服务、用数据创新”的现代社会经济治理的趋势和新生态，是数字政府建设推进国家治理现代化的重要途径。

目前，物联网、大数据、区块链、人工智能等现代信息技术在农业领域的应用，正在颠覆传统农业产业，推动农业全产业链的理念重塑和流程再造。信息技术和畜牧产业同步发展，数字养殖蓬勃发展，将信息化、自动化、智能化融入日常管理已成为我国畜禽规模养殖业的发展趋势。物联网技术、人工智能技术以及大数据平台应用潜移默化地帮助着现代畜禽养殖产业更新换代，数据管理模式在保障畜产品数量安全、质量安全方面的作用日益凸显。对生产数据、健康数据、档案数据等进行智能化监管与运用，在提高牧场经济效益方面发挥着重要的指导作用。

奶业的持续健康发展需要互联网和大数据的支持。牧场经营者解决发展过程中遇到的瓶颈问题，必须要学会拥抱互联科技和大数据技术，积极培育用“互联网+”思维武装的人才队伍，培养具备现代信息理念、掌握现代信息技术的高素质养牛人，践行用数据说话、让数字产生经济效益的牧场管理新模式。

基于上述背景，一牧云（YIMUCloud）、家畜产业技术体系北京市创新团队、《中国乳业》杂志社和兰州大学草业系统分析与社会发展研究所自2020年起开始协作，以一牧云服务全国的牧场关键生产性能数据为基础，持续开展了牧场数据管理分析研究，并将最新成果呈现给广大读者，以期为奶牛养殖者、奶业科研人员、行业主管部门及其他相关人士提供来自生产一线的客观数据，同时记录中国规模化奶牛场发展的点滴进步，谨望能为中国奶业可持续发展贡献绵薄之力。

2021年，中国规模化奶牛场生产水平持续提高，成母牛平均单产迈入13吨以上的规模牧场达20多家，其中既有集团型牧场，也有私营牧场；既有存栏万头以上的牧场，也有存栏不足千头的中小牧场；更为可喜的是，如此的高产并非全部是通过高淘汰换来的。这些成果的取得，标志着2021年中国规模化奶牛场牧场经营与生产水平共同迈上了新的台阶。

本书得到中国农业科学院科技创新工程“奶牛高产高效技术集成模式研究与示范应用——智慧奶业技术应用现状及模式研究”（CAAS-ASTIP-2016-AII）项目资助。本书从牧场生产实践维度入手，以一牧云当前服务的分布在全国24个省（自治区、直辖市）334家奶牛场954 679头奶牛的实际生产数据为基础，对成母牛关键繁育性能、关键健康生产性能、产奶关键生产性能，后备牛关键繁育性能、犊牛关键生产性能等40多个生产性能关键指标进行了系统分析，同时用6个专题抛砖引玉，力求以最真实的数据为产业发展提供借鉴和参考。

规模化奶牛场关键生产性能是一个复杂的命题，本书虽经反复推敲、修改，但也难免有疏漏或不妥之处，诚恳希望同行和读者批评指正，以便今后在新版中加以更正和改进。

《中国规模化奶牛场关键生产性能现状》编委会

2022年4月8日

目　录

图表目录

第一章　绪　论

第一节　数字农业是迈向农业强国的必经之路

农业作为国之基、生之源、民之本的基础性产业，正在由传统的机械化农业（农业3.0）向以数字要素为基础的智慧农业（农业4.0）迈进，开启数字农业新篇章。世界范围内，以农业互联网、农业大数据、精准农业、智慧农业、人工智能等五大核心板块为代表的数字农业技术已经被广泛用于农业领域且发展迅速，与此同时，发达国家还在数字农业上进行了大量投资，如英国政府“产业战略挑战基金”将人工智能和数据作为四个挑战领域之一，计划聚焦于精准农业。鉴于数字农业的广阔前景，美国麦肯锡公司（McKinsey & Company）最新报告指出，如果在农业中实现互联互通，到2030年全球GDP将增加5 000亿美元的额外价值[①]。尽管数字农业在经济效率方面具有较高的潜力，但技术本身不能解决全球粮食安全问题，而且小农经营还可能因为难以承受数字技术的大额投资或将陷入困境（钟文晶等，2021；董艳等，2021）。

随着发达国家将数字农业作为构筑农业现代化发展产业优势的方向，积极推进数字科技与农业发展的融合，推进农业数字化

① 麦肯锡报告：https：//futurism.com/artificial-intelligence-benefits-select-few。

转型，可预期的是，数字农业将成为农业生产系统、农村经济、农民生活转型发展的重大机遇，也将成为我国由农业大国迈向农业强国的必经之路。自20世纪末以来，我国日益重视数字农业发展，相关政策措施陆续出台，《中共中央　国务院关于全面推进乡村振兴加快农业农村现代化的意见》《数字乡村发展战略纲要》以及2020—2022年连续三年的中央一号文件明确提出开展数字乡村试点，实施数字乡村发展建设工程，推动数字技术与农业生产经营等方面的融合，我国数字农业逐步从顶层规划走向实践落地。大力发展数字农业，成为我国推动乡村振兴、建设数字中国的重要组成部分。

我国发展数字农业正逢其时，呈现出巨大的发展潜力和广阔的应用前景。根据中国互联网络信息中心（CNNIC）发布的第47次《中国互联网络发展状况统计报告》，截至2021年，农村地区互联网普及率为55.9%，农村网民规模达到3.09亿，占整体网民的31.3%，具有较大提升空间。同时，农业数字经济与制造业、服务业等行业相比，还是一片洼地，中国信息通信研究院发布的《中国数字经济发展白皮书（2020年）》显示，2019年中国农业数字经济仅占农业增加值的8.2%，远低于工业19.5%、服务业37.8%的水平，具有巨大的发展潜力。数字技术的应用将加速对传统农业各领域各环节的全方位、全角度、全链条的数字化改造，提高全要素生产率，为农村经济社会高质量发展增添新动能，并通过更精准化种养、更精确的产需对接，推动农业绿色可持续发展。

第二节　数字化是畜牧业现代化的必然趋势

新形势下，我国农业主要矛盾已由总量不足转为结构性矛盾，推动农业供给侧结构性改革，提高农业综合效益和竞争力，是实现农业现代化的一个重要任务。作为农业和农村经济重要组成部分，中国畜牧业发展在“双循环”战略格局下面临新的要求，需要利用现代信息技术进行转型升级，实现由传统向现代、由粗放到精细、由低效到高效的高质量发展。畜牧业发展到了新的转型升级的节点，适度规模化、标准化是大势所趋，科学养殖是发展必然，从群体的粗放式管理逐渐转为个体的精细化、及时化管理，以减少饲料浪费，增加转化效率，让有限的畜禽生产更多的肉蛋奶，实现畜牧业全链条的智能化、数字化，走高质量可持续发展道路①。以物联网、云计算、大数据及人工智能为代表的新一轮信息技术革命为畜牧业由粗放式传统畜禽养殖向知识型、技术型的数字化畜牧业转变提供了契机（夏雪等，2020）。

畜牧业数字化是将畜牧生产过程中的饲喂、环控、穿戴、监测、称重等人为操作，用一系列相应的自动化硬件设备来替代，之后通过动物信息传感器、设施设备传感器、环境系数传感器等传感器持续采集数据并上传到管理软件进行存储、监测和分析，逐渐形成产业互联网系统，以指导生产，提高效能。当前我国畜禽养殖在环境监测、个体身份标识、精准饲喂等信息技术方面应用较为成熟（邹岚等，2021）。利用环境系数传感器对畜禽养殖环境涉及温度、湿度、氨气、硫化氢等环境因子进行监测，以保证合理的生产条件；个体身份标识从传统的耳标、项圈等逐步向面部识别、虹膜识别、姿态识别等视觉感知技术和生物技术识别技术延伸，使得畜禽个体健康档案的建立和生命状态的跟踪预警变得更加智能，而且这种识别技术发展对于畜禽精准饲喂奠定了

① 畜牧业数智化在乡村振兴战略中的定位、功能及贡献——中国畜牧业协会副秘书长刘强德访谈（www.caaa.com.cn）。

坚实基础。但是，我国畜禽养殖主要以产量提高为重，对动物福利和高品质安全生产的重视还有待提高，对福利化养殖技术及评价体系才刚刚起步。

数字化对中国畜牧业既是机遇，也是挑战。2019年、2020年面对非洲猪瘟和新冠肺炎疫情的冲击，工作和生活突然停摆，许多畜禽养殖户现金流短缺，养殖成本增加，销售受阻，再加上近年来畜牧业数字化加速推进，数字化转型热潮让更多的畜禽养殖户在技术认知、发展决策等方面陷入困境，影响企业的生存和行业的健康发展。然而，当很多畜禽养殖户对数字化生产快速跟进，让数智系统成为一种全新的生产工具时，更多的智能设备和信息系统被用于生产，对畜禽养殖方式、养殖规模甚至组织方式都带来了巨大变革，面对新冠肺炎疫情和非洲猪瘟，大数据、人工智能和物联网技术在减少人畜接触、保证畜禽安全管控、保持全产业链健康运行方面发挥了不可替代的作用，对企业竞争力提升和更快融入数字化时代具有重要意义。同时，随着我国畜禽养殖规模化、标准化、集约化比重的快速提高，自动饲喂、环境控制、废弃物处理等智能设备的补贴范围不断扩大，实现环境保护、畜禽健康养殖、畜牧产业可持续发展的现代化目标，畜牧业数字化是必然趋势（李保明等，2021）。

第三节　数字化促进奶业的健康可持续发展

畜牧业现代化发展进程中，奶牛、生猪和家禽养殖要率先基本实现现代化，数字技术、智能控制系统的使用是重中之重，奶牛养殖规模化、标准化的提升，为发展数字化奶业奠定了坚实基础。奶业数字化是以奶牛养殖为中心，以计算机技术、质量管理技术、统计技术为基础，以生产安全、高质的乳制品为目标，软硬件高度结合的一项工程。2021年，我国奶牛养殖规模化比重达到67%，规模化奶牛单产达到8.3吨，较2008年分别增长了52个百分点和3.5吨，随着牛群规模越来越大，市场竞争越来越激烈，用传统方式提高生产潜力已非易事（冯启等，2013）。数字化发展就是结合传统养殖方式与现代科技，通过数字信息来提高宏观分析、决策与调控的科学性，让生产的每一杯奶都有来自包括牧场、生产端、物流端直至消费者端的全产业链条数字化信息支撑，不仅有利于企业本身管理水平的提高，更有利于提高市场竞争力，促进奶业的可持续发展。

奶业数字化，是全产业链的数字化，在生产加工端要打造牧场和工厂的互联互通，在消费端要利用大数据为业务赋能。牧场作为生产端，智能系统通过精准饲喂、疾病监测、育种管理等环节，按照每头牛不同生长周期进行精细化分群，摄像头结合人工智能（AI）算法无接触式对奶牛进行体况评分，创建牧场“云管家”，为保障奶源健康安全提供科学的保障。工厂作为加工端，通过引入生产端数据，建立供应链管理数据生态圈，做到透明化生产、数据化管理和一键式追溯，实现对产品的全过程质量管控和安全保障。大数据在全过程管理中的价值进一步体现，生产方面利用完整数据信息，可以形成科学的饲养方案，实现对每一个环节的科学管理，在消费方面，通过对消费者的观察，统计消费信息，持续改进产品，建立产品与消费者之间互动关系，在推进奶业振兴过程中，实现从传统型产业发展模式逐渐升级为数字型驱动模式，促进奶业持续健康发展。

当前，很多消费者对中国奶业的刻板印象或许还停留在家庭式散养、人工挤奶的落后式经营阶段，其实不然，在国家政策扶持、全行业砥砺奋斗的作用下，我国奶业已经步入了规模化、智能化发展的数字化新时代，牧场管理软件、实时监控系统等硬件的开发和应用都有了长足的进步，相关技术日趋成熟，应用水平也在不断上升。但奶业比其他行业更为特殊，其涵盖养殖业、制造业、服务业三大产业，产业链长，管理复杂，无可借鉴的数字化模板，需要不断去摸索，相较于国外奶业发达国家，我国在数字化技术的研发和应用方面仍存在许多问题。

一是信息孤岛现象严重，互联互通技术以及共享机制仍有待完善。当前奶业数字化发展往往只是不同产业内的数字化，但产业链之间缺乏信息交互，例如部分养殖企业和加工企业分别已经实现了数字化，但相互之间信息不互通，生产、加工与销售仍处于割裂状态，产需对接不顺畅，难以将数据价值最大化。同时，养殖企业之间、加工企业之间数据孤立，共享机制不健全，建立奶业大数据生态圈较为困难。

二是生产环节间数字化发展不均衡，尤其是对于大部分规模奶牛养殖企业来讲，在全混合日粮饲喂、育种管理、健康管理等方面都已实现了智能化管理，但想要生产经营实现更加数智化，还需要加强与人员管理和绩效评价的数字化连接，实现对人的行为及时干预，确保生产经营操作达到要求，从而提升生产效率，最大化发挥数据价值。

三是国内奶业数字化技术研发落后，相关人才储备也不足。在牧场信息化技术应用过程中，国外厂商仍处于垄断地位，国内在相关领域研发仍未有突破，导致我国奶业数字化转型投资成本巨大，很多牧场不愿意改变原有的落后管理模式，同时缺乏奶业数字化设备设施应用人才，导致无法充分发挥相关系统设备的作用。

对中国奶业而言，数字化转型还将面临更多挑战，但数字化是奶业持续健康发展的必然选择。《“十四五”全国畜牧兽医行业发展规划》提出，到2025年，全国畜牧行业现代化建设取得重大进展，奶牛、生猪、家禽养殖率先实现基本现代化，奶业发展是农业现代化的先行军，奶牛场作为奶业生态圈的核心，直接影响全产业链的健康发展，如何更加高效地利用有限的资源，提升牧场可持续盈利能力和竞争力，是摆在牧场投资者和运营管理者面前永恒的话题[①]。新一轮技术革命的到来，让数字化技术成为牧场提高生产效率、实现可持续发展的关键，随着牧场信息化、智能化、数字化转型的不断推进，对生产管理系统要求越来越高，牧场经营者期望能够利用数据客观评估自己牧场的关键生产性能，并与国际和国内牧场进行对标分析和交流，以期帮助牧场持续进行改进和提升，在《中国规模化奶牛场关键生产性能现状（2020版）》《中国规模化奶牛场关键生产性能现状（2021版）》的基础上，通过对一牧云（YIMUCloud）当前服务分布在全国24个省（直辖市、自治区）的334个牧场，954 679头奶牛的生产数据筛选、分析、整理并发布《中国规模化奶牛场关键生产性能现状（2022版）》，谨望能够不断完善并逐渐建立起奶牛场生产性能评估标准和对标依据，为中国奶业可持续发展贡献绵薄之力。

未来，中国奶业将借助数字化优势，在奶业持续健康发展过程中发挥更大作用，在全球奶业竞争中抢占更有利地位，真正实现从奶业大国到奶业强国的转变，同时引领全球奶业的数字化发展。

---

① 全面推进 重点突破 加快实现农业现代化——农业部部长韩长赋就《全国农业现代化规划（2016—2020年）》发布答记者问[J].休闲农业与美丽乡村，2016（11）：6-27。

第二章 数据来源与牛群概况

本版数据均来源于一牧云（YIMUCloud）“牧场生产管理与服务支撑系统”，截止日期为2021年12月31日（后文中提到“当前结果”，均代表截至该日的数据）。所有生产性能现状结果均由一牧云（YIMUCloud）持续服务的分布在全国24个省（自治区、直辖市）的334个牧场、954 679头奶牛的生产数据（表2.1）分析而得。

表2.1 各省（自治区、直辖市）一牧云（YIMUCloud）“牧场生产管理与服务支撑系统”服务牧场分布

区域	牧场数量（个）	全群牛头数（头）
宁夏回族自治区	115	298 879
黑龙江省	51	134 990
甘肃省	22	73 845
河北省	21	109 203
新疆维吾尔自治区	20	28 151
内蒙古自治区	20	72 173
云南省	14	17 466
山东省	13	41 621
广东省	13	17 247
陕西省	10	44 557
天津市	6	5 223

（续表）

区域	牧场数量（个）	全群牛头数（头）
山西省	5	5 193
北京市	4	4 384
安徽省	4	73 826
福建省	2	3 214
贵州省	2	2 235
青海省	2	1 318
河南省	2	416
广西壮族自治区	2	4 836
湖南省	2	1 510
浙江省	1	1 450
西藏自治区	1	762
四川省	1	6 616
江苏省	1	5 564
总计	334	954 679

牧场数据筛选标准如下。

一是一牧云系统中累积数据超过一年。

二是繁育信息有连续、完整录入。

三是最近6个月牛群结构稳定，牛群规模>200头，剔除完全为后备牛的牧场。

四是截至2021年12月底，仍有数据录入的。

最终筛选出符合标准的牧场258个，覆盖在群牛815 825头，成母牛418 586头，泌乳牛366 213头，后备牛376 873头，公牛20 366头（表2.2）。

表2.2　筛选后分析样本数量及存栏分布

区域	牧场数量（个）	全群牛头数（头）
宁夏回族自治区	87	255 698
黑龙江省	47	131 760
新疆维吾尔自治区	19	28 034
河北省	17	106 645
甘肃省	16	52 074
广东省	12	13 062
内蒙古自治区	11	33 176
山东省	10	39 968
云南省	7	11 295
陕西省	7	33 866
北京市	4	4 384
安徽省	4	73 826
天津市	3	4 181
山西省	3	3 526
贵州省	2	2 235
广西壮族自治区	2	4 836
湖南省	2	1 510
福建省	1	1 750
浙江省	1	1 450
四川省	1	6 616
青海省	1	369
江苏省	1	5 564
总计	258	815 825

样本牛群胎次分布统计分析如图2.1所示。

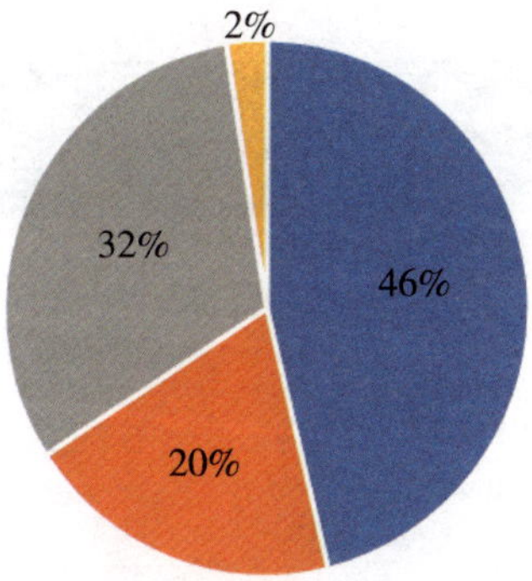

图2.1　样本牛群胎次分布情况（n=815 825）

第一节　群体规模概况

根据以上标准，我们筛选出的牧场在各省（自治区、直辖市）分布情况见表2.3。其中用户牧场数量最多的3个省（自治区）分别为宁夏回族自治区（全书简称宁夏）、黑龙江省及新疆维吾尔自治区（全书简称新疆），牛群数量分布最多的3个省（自治区）分别为宁夏、河北及黑龙江。

表2.3　各省（自治区、直辖市）一牧云用户牧场样本数量及存栏量分布情况

区域	牧场数量（个）	全群牛头数（头）	成母牛头数（头）	泌乳牛头数（头）	后备牛头数（头）
宁夏回族自治区	87	255 698	133 087	117 538	113 266
黑龙江省	47	131 760	66 172	57 526	61 630
新疆维吾尔自治区	19	28 034	15 094	12 631	12 940
河北省	17	106 645	55 156	48 016	50 188
甘肃省	16	52 074	27 394	23 216	21 868
广东省	12	13 062	6 334	5 752	6 567

（续表）

区域	牧场数量（个）	全群牛头数（头）	成母牛头数（头）	泌乳牛头数（头）	后备牛头数（头）
内蒙古自治区	11	33 176	16 655	14 526	15 963
山东省	10	39 968	20 465	17 703	18 929
云南省	7	11 295	5 850	5 128	5 092
陕西省	7	33 866	15 651	14 218	17 787
北京市	4	4 384	1 816	1 604	2 403
安徽省	4	73 826	38 028	33 565	35 539
天津市	3	4 181	1 931	1 706	2 250
山西省	3	3 526	1 906	1 698	1 521
贵州省	2	2 235	1 449	1 277	786
广西壮族自治区	2	4 836	2 228	1 966	2 525
湖南省	2	1 510	744	650	698
福建省	1	1 750	1 186	1 086	564
浙江省	1	1 450	725	666	724
四川省	1	6 616	3 716	3 188	2 900
青海省	1	369	23	—	346
江苏省	1	5 564	2 976	2 553	2 387
总计	258	815 825	418 586	366 213	376 873

样本牧场中，规模最大的单体牧场全群存栏为42 764头（其中成母牛21 347头），规模最小的全群存栏为226头（其中成母牛10头），不同存栏规模牧场数量分布情况如表2.4所示。

结果可见，群体规模<1 000头牧场数量占比27.5%，1 000～1 999头规模牧场数量占比31.8%，2 000～4 999头规模牧场数量占比24.0%，5 000头以上规模牧场数量占比16.7%。而从存栏占比上来看，<1 000头规模牧场的存栏占比仅为5.8%，1 000～1 999头规

模牧场的存栏占比14.4%，2 000～4 999头规模牧场的存栏占比23.9%，≥5 000头规模牧场的存栏占比56.8%。≥5 000头规模牧场的总存栏占据了样本牧场总存栏量的50.0%以上（图2.2）。

表2.4 不同规模一牧云用户牧场样本数量及存栏分布情况

全群规模（头）	牧场数量（个）	牧场数量占比（%）	总牛群存栏（头）	存栏占比（%）
<1 000	71	27.5	47 441	5.8
1 000～1 999	82	31.8	117 190	14.4
2 000～4 999	62	24.0	187 534	23.0
≥5 000	43	16.7	463 660	56.8
总计	258	100.0	815 825	100.0

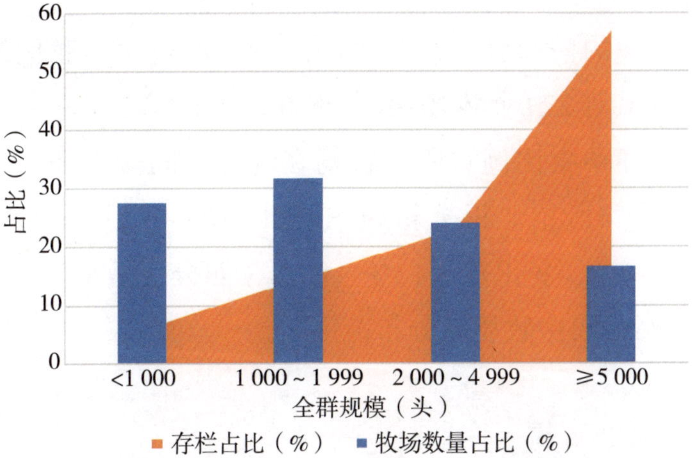

图2.2 不同规模牧场数量及其存栏占比（n=258）

第二节 成母牛怀孕牛比例

众所周知，根据经典的泌乳曲线（图2.3），对于一个持续稳定运营的奶牛场，其成母牛在一个泌乳期中至少超过一半的时间应当处于怀孕状态，如此牧场才能具备较好的盈利能力。

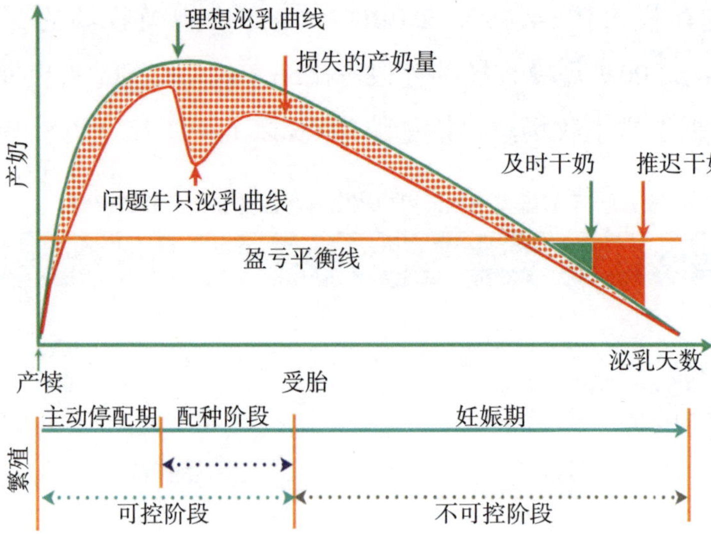

图2.3　典型的泌乳曲线与牧场繁殖

鉴于奶牛的繁殖状态是一个动态变化的过程，我们统计了系统中授权的共计221个牧场牛群在2021年1—12月每月月末采集到的成母牛怀孕牛比例，所有牧场在统计时间段内怀孕牛比例分布情况如图2.4所示。根据箱线图统计结果，可见平均成母牛怀孕比例为52.0%，变化范围13%～89%，四分位数范围47%～57%（IQR，50%最集中牧场的分布范围）。

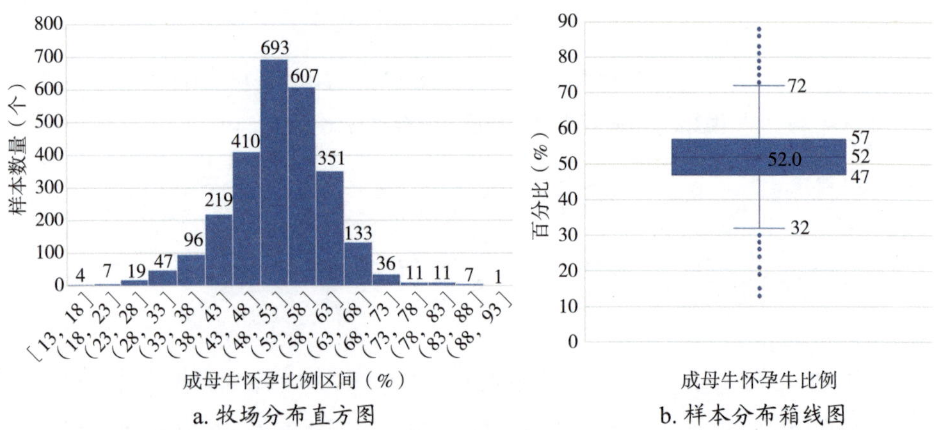

图2.4　2021年1—12月成母牛怀孕牛比例分布（n=2 652）

注：n=2 652表示统计2021年1—12月221个牧场月度指标“成母牛怀孕牛比例”。

对221个牧场的年均成母牛怀孕比例与其21天怀孕率做相关分析，可得两组数据（Pearson）的相关系数为0.658，统计学检验两组样本数据间相关系数达极显著（$P<0.000\,1$），反映出21天怀孕率越高的牧场，其全群年均成母牛怀孕牛比例越高，结果如图2.5的散点图所示。

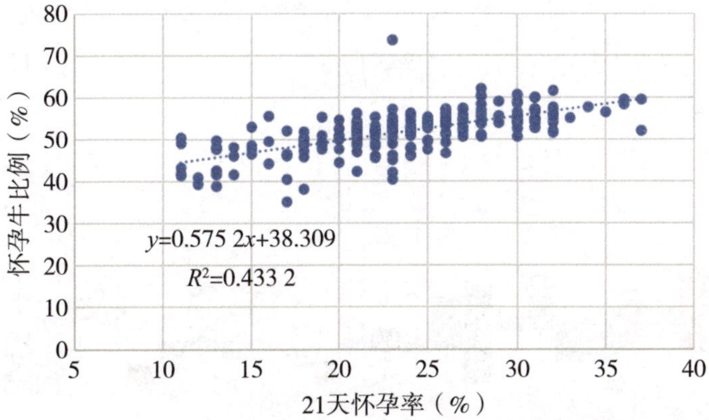

图2.5　21天怀孕率与年均怀孕牛比例相关分析

对各牧场每月成母牛怀孕牛比例统计绘图，全年波动箱线如图2.6所示（不同的颜色代表不同的牧场），可见各牧场由于全年繁育计划及繁殖方案不同，变化的范围存在差异。

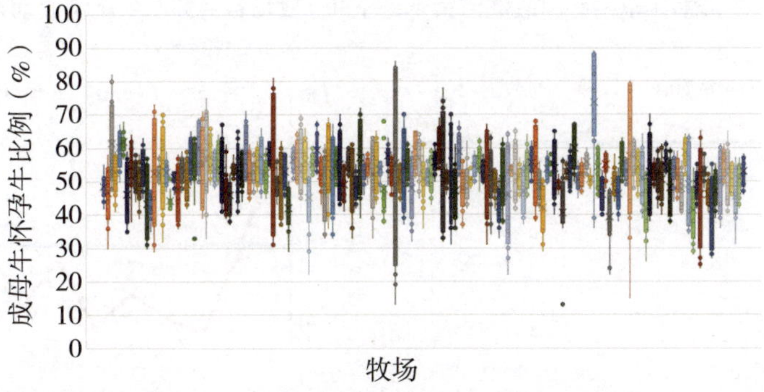

图2.6　各牧场全年成母牛怀孕牛比例波动范围分布箱线图（n=221）

对于全年各月怀孕牛比例最低值超过总体比例平均值（≥50%）的27个牧场单独展示于图2.7。可见，这些牧场全年波动幅度不同。在对各牧场数据进行查询的基础上，图2.8中展示了27个牧场中波动幅度最大的19号牧场，以及波动幅度最小的4号牧场在过去一年中每月的产犊情况。结果显示，全年怀孕牛比例波动幅度越小的牧场（4号牧场，最小值53%，最大值56%），牛群规模较大（≥5 000头），其全年各月产犊头数及各月怀孕头数波动范围也相对越小，而波动幅度较大的牧场（19号牧场），牛群规模较小（1 000～1 999头），在全年某段时间（1月、10—11月）存在集中产犊的现象。

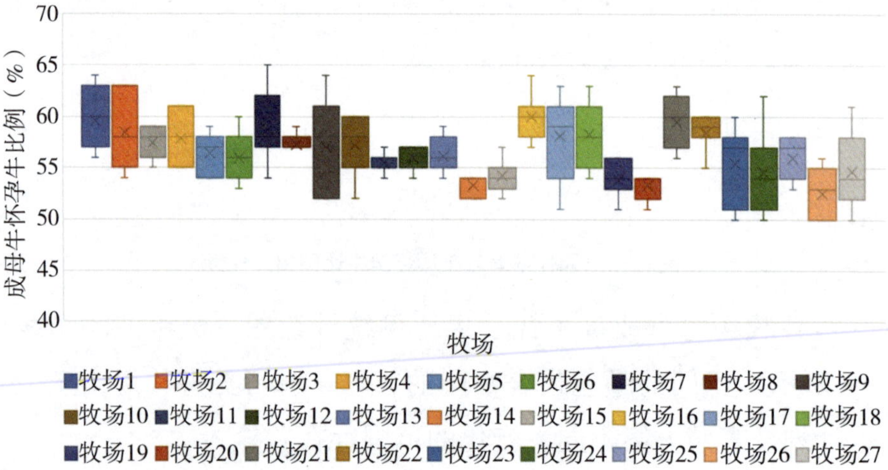

图2.7 全年成母牛怀孕牛比例最低值大于等于50%牧场各月怀孕牛比例波动范围箱线图

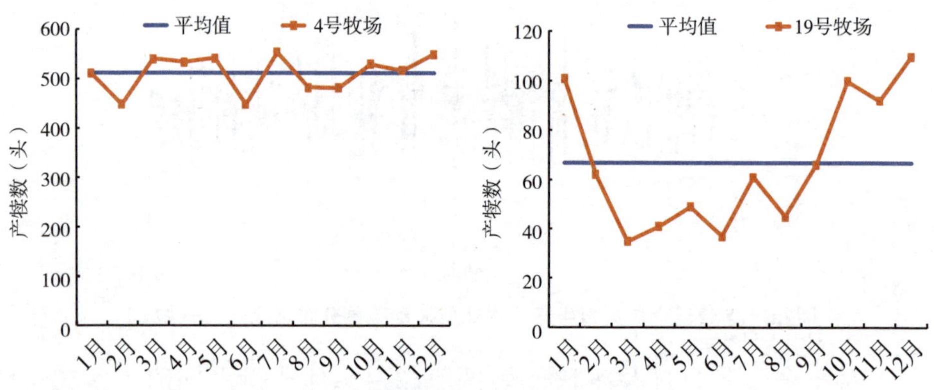

图2.8 4号与19号牧场2021年每月产犊情况统计

第三节 泌乳牛平均泌乳天数

泌乳牛平均泌乳天数，表示全群泌乳牛泌乳天数的平均值，相对静态条件下（牧场生产、繁殖、死淘等工作相对稳定），泌乳牛的平均泌乳天数，与泌乳牛群的产量有明显相关关系。

刘仲奎（2013）研究表明，一个成熟的规模化牧场，一年365天正常的平均泌乳天数为175～185天；维持盈利的最低平均泌乳天数的底线，不能高于200天。刘玉芝等（2009）提到，全群成母牛平均泌乳天数正常值应该在150～170天，群体的平均泌乳天数可反映出牛群的品质和繁殖性能。通过对已授权的236个牧场当前泌乳牛平均泌乳天数进行统计分析，统计结果见图2.9和图2.10，当前平均泌乳天数为172天，四分位数范围160～187天（50%最集中牧场的分布范围），群体最高的平均泌乳天数为246天，最低的泌乳天数为60天。

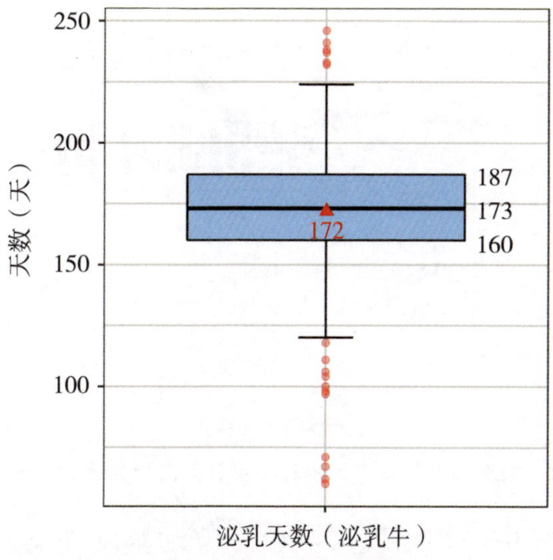

图2.9　牧场平均泌乳天数分布箱线图（*n*=236）

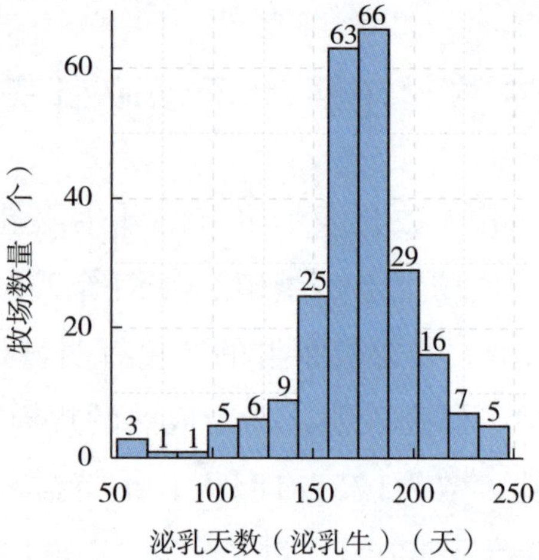

图2.10　牧场平均泌乳天数分布（*n*=236）

对2021年全年泌乳牛平均泌乳天数的227个牧场的21天怀孕率及其年均泌乳牛泌乳天数进行相关分析，两者（Pearson）相关系数为-0.541，统计学检验两样本间相关系数达极显著（$P<0.000\,1$），反映出21天怀孕率表现越好，年均泌乳牛平均泌乳天数越低，结果散点图如图2.11所示。

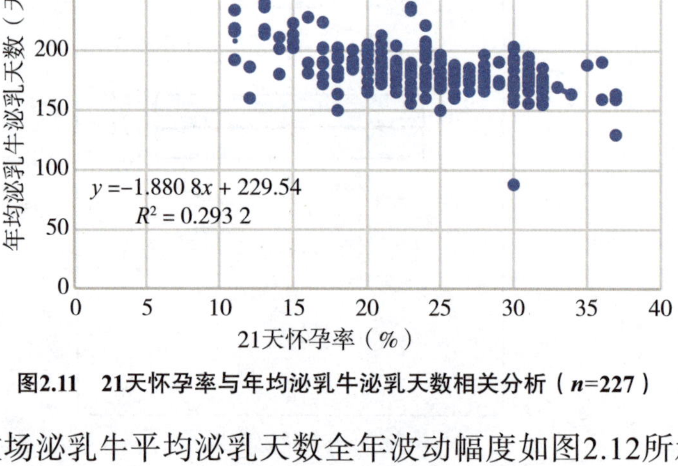

图2.11　21天怀孕率与年均泌乳牛泌乳天数相关分析（*n*=227）

各牧场泌乳牛平均泌乳天数全年波动幅度如图2.12所示，其中波动最大的6个牧场，全年波动幅度范围（极差）在154～221天，查询牧场规模和各月份产犊数，发现2个牧场全群头数350～600头，2021年各月份产犊数波动较大且无规律；1个牧场全群头数在1 000～2 000头，各月份产犊数也波动较大，呈现季节性产犊，9—11月产犊数较多；3个牧场全群头数在1 000～2 000头，1—7月有产犊数，8—12月无产犊。波动范围最小的牧场其全年波动最大幅度仅为9天，在180～189天波动，其中2021年21天怀孕率30%，月度范围28%～31%。强烈提示牧场在评估时务必注意，平均泌乳天数是一个动态值，必须结合当时的全群牛状态加以综合分析。

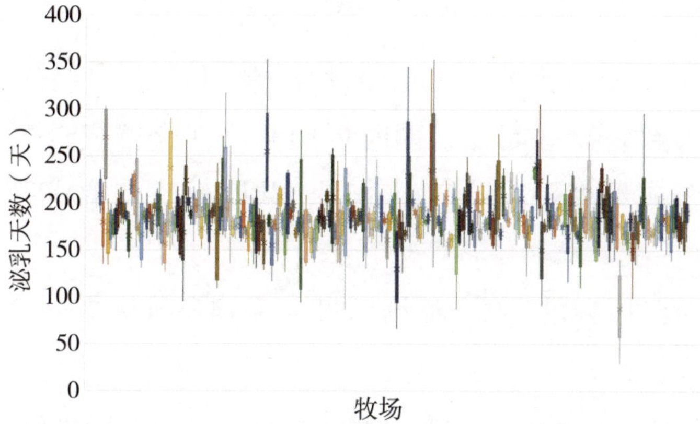

图2.12　牧场全年泌乳牛平均泌乳天数波动范围分布箱线图（*n*=227）

根据刘仲奎（2013）研究表明，一个规模化牧场的平均泌乳天数持续出现60天、80天、90天、100天、110天、120天、130天，这是不正常的。2021年我们对227个牧场中有3个月份出现平均泌乳天数<130天的牧场进行溯源分析，共包含6个牧场，其中1个牧场是由于1—2月大量后备牛产犊造成，2个牧场为2021年7—12月和9—12月集中产犊造成，2个牧场为新建牧场且由于后备牛开始产犊造成，1个牧场为后备牛场，2020年11—12月集中产犊导致2021年1—3月泌乳天数降低，2021年10—12月集中产犊导致2021年10—12月泌乳天数降低。

第四节　成母牛平均泌乳天数

成母牛平均泌乳天数，表示全群成母牛泌乳天数的平均值，计算方式如下。

$$成母牛平均泌乳天数=\frac{\sum（泌乳牛泌乳天数）+\sum（干奶牛泌乳天数）}{总成母牛头数}$$

注：干奶牛的泌乳天数为其从产犊至干奶的天数。

成母牛的泌乳天数，可用来反映牛群异常干奶牛比例、干奶时怀孕天数差异等问题，同时可用来反映全群成母牛的生产水平，通常与成母牛平均单产相对应，共同反映全群成母牛的盈利能力。

我们对已授权的237个牧场成母牛平均泌乳天数与泌乳牛平均泌乳天数统计，统计结果见图2.13，成母牛泌乳天数平均值与中位数均为197天，上下四分位数为185～211天，最大值为287天，最小值为104天。

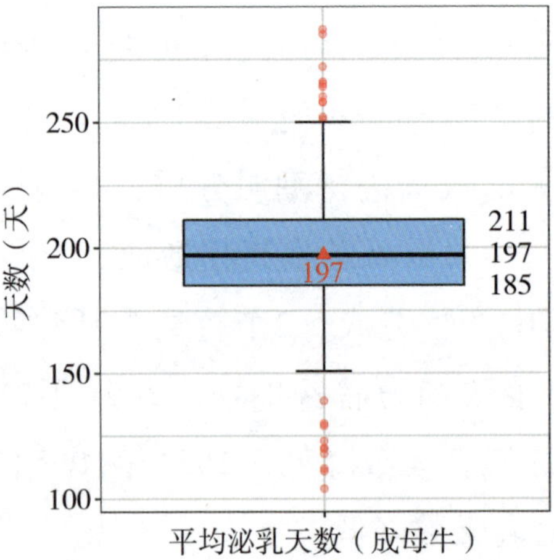

图2.13　成母牛平均泌乳天数分布箱线图（n=237）

对各牧场成母牛平均泌乳天数与泌乳牛平均泌乳天数的差值进行统计分析，结果见图2.14，可见成母牛泌乳天数与泌乳牛平均泌乳天数差值平均为21天，上下四分位数为18～26天，箱线图统计最高的差异为43天，最低为-2天。

当差异为0，表示牛群全部为泌乳牛，无干奶牛，该种情况通常出现于新建牧场牛群刚刚投入生产时尚且没有干奶牛的情况。

当差异为负时，牛群既有泌乳牛，又有干奶牛、围产牛，但部分牛只在干奶时平均泌乳天数较小，导致成母牛泌乳天数低于泌乳牛，出现这种情况说明牧场存在生产问题，提前干奶或转群牛舍出现异常。

同样，对于成母牛与泌乳牛天数相差过低时进行分析，主要原因包括：一是为新建牧场牛群，牛群中头胎牛尚未开始干奶，二是干奶转群未录入，部分牛只怀孕天数已经超过210天，但仍属于已孕干奶牛，提示需及时录入干奶转群事件。成母牛与泌乳牛合理的平均泌乳天数差异，表明了成母牛群的稳定性与全群成母牛的生产水平。

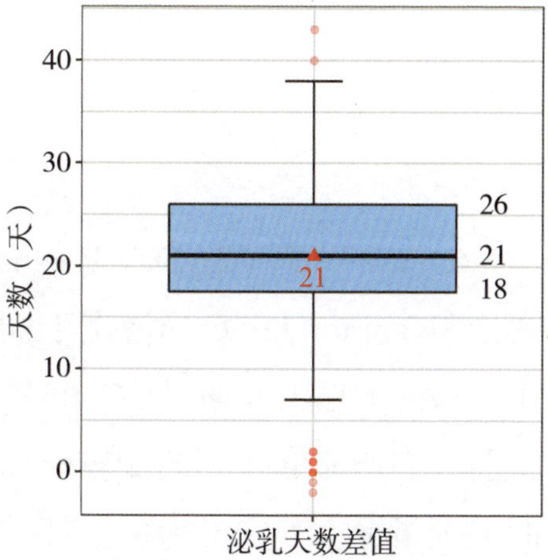

图2.14　成母牛平均泌乳天数与泌乳牛平均泌乳天数差异统计箱线图

对高于40天的异常数据进一步溯源分析，表明造成差值过高的原因主要包括：一是牛群成母牛中干奶牛只比例过高；二是牛只干奶时泌乳天数过高，反映出较低的繁殖水平与较低的产奶量。

第二章　成母牛关键繁育性能现状

众所周知，对于常规的商业化奶牛场，繁殖是驱动一个牧场能否盈利的关键。因此作为管理者必须对牧场的繁殖水平进行及时评估，以便及时改进和预防问题的发生。

本章对繁殖管理中常见的指标，诸如21天怀孕率、21天配种率、成母牛受胎率、成母牛不同配次受胎率、成母牛不同胎次受胎率、成母牛150天未孕比例、平均首配泌乳天数、平均空怀天数、平均产犊间隔、孕检怀孕率等指标分别进行统计和相关分析。

第一节　21天怀孕率

21天怀孕率（21-Day Pregnant Risk）的概念最早由Steve Eicker博士和Connor Jameson博士于20世纪80年代在美国硅谷农业软件公司（VAS）提出并通过DC305牧场管理软件应用于牧场当中，这是目前人们所能够找到的能较全面、及时、准确评估牧场的繁殖表现的关键指标，其定义为：应怀孕牛只在可怀孕的21天周期（发情周期）内最终怀孕的比例。我们对过去一年242个牧场牛群的成母牛怀孕率进行统计汇总如图3.1所示，四分位数范围20%～27%（50%最集中牧场的分布范围），平均值为23.4%，中位数为24%，与2017年度（怀孕率平均值为16.0%，中位数为15%）、2018年度（怀孕率平均值为18.5%，中位数为17%）、2019年度（怀孕率平均值为18.8%，中位数为18%）、2020年度（怀孕率平均值为22.0%，中位数为22%）相比，繁殖表现均有所提升。

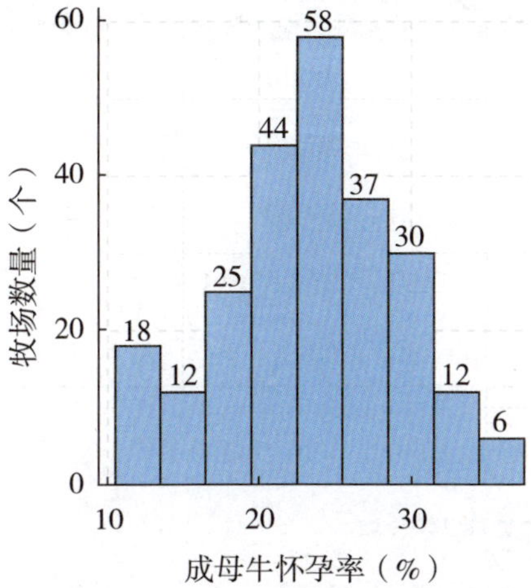

a. 直方图

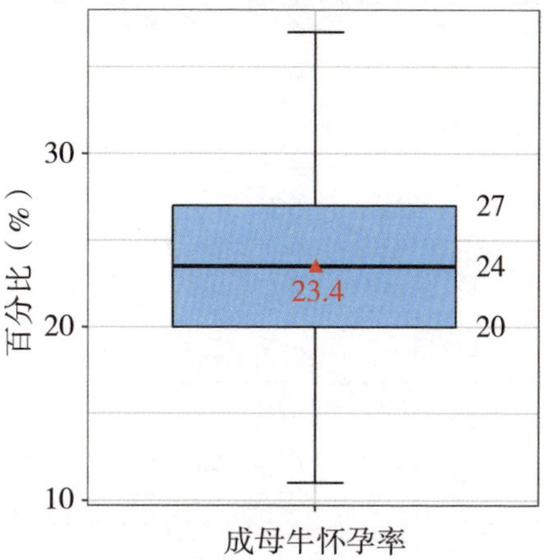

b. 箱线图

图3.1　成母牛21天怀孕率分布统计（*n*=242）

对不同规模牧场的21天怀孕率表现进行分组统计分析（表3.1）。可以看到，几个全群规模分组中，牧场规模越大，平均怀孕率水平则越高，标准差也较小，反映出大型牧场相对完善的繁育流程与相对标准的操作规程和一线执行能力。1 000头以内的牧场间差异最大（标准差最大），表明小规模牧场繁殖管理水平差异较大，很多牧场存在较大的繁育提升空间。

相较于不同牛群规模的21天怀孕率统计（2020年度），2021年度规模在<1 000头的牧场21天怀孕率（18.1%）上升1.03个百分点，规模在1 000～1 999头的（22.2%）上升0.94个百分点，规模在2 000～4 999头的（23.3%）上升1.45个百分点，≥5 000头规模的牧场（27.7%）上升1.68个百分点。整体相较于2020年（22.0%）上升1.42个百分点。不同规模牧场增长幅度反映出小规

模牧场存在较大的提升空间。

表3.1　不同规模群体牧场21天怀孕率统计结果（*n*=242）

全群规模（头）	牧场数量（个）	牧场数量占比（%）	平均值（%）	中位数（%）	最大值（%）	最小值（%）	标准差（%）
<1 000	68	28.1	19.13	19.00	32.00	11.00	5.29
1 000～1 999	78	32.2	23.14	23.00	36.00	11.00	4.61
2 000～4 999	56	23.1	24.75	25.00	37.00	15.00	4.07
≥5 000	40	16.5	29.38	30.50	37.00	11.00	4.74
总计	242	100.0	23.42	23.50	37.00	11.00	5.81

第二节　21天配种率

21天配种率（或称发情揭发率），通常与21天怀孕率共同计算与呈现，其定义为：应配种牛只在可配种的21天周期（发情周期）内最终配种的比例，配种率主要反映出牧场配种工作（或发情揭发工作）的效率高低。对过去一年251个牧场牛群的成母牛配种率进行统计汇总，其成母牛配种率分布情况如图3.2所示，超过75%的牧场配种率均高于69%，50%的牧场集中分布于56%～69%，平均值为60.3%，中位数为63%，最大值为80%，最小值为12%。

分析配种率最高的牛群里，其高配种率的原因主要包括：一是全年持续稳定的配种工作，未因节日及季节影响牛只配种工作；二是产后牛及空怀牛同期流程的良好应用；三是繁育人员具有较强的责任心及辅助发情监测工具的良好应用（计步器、尾根涂蜡笔等）。

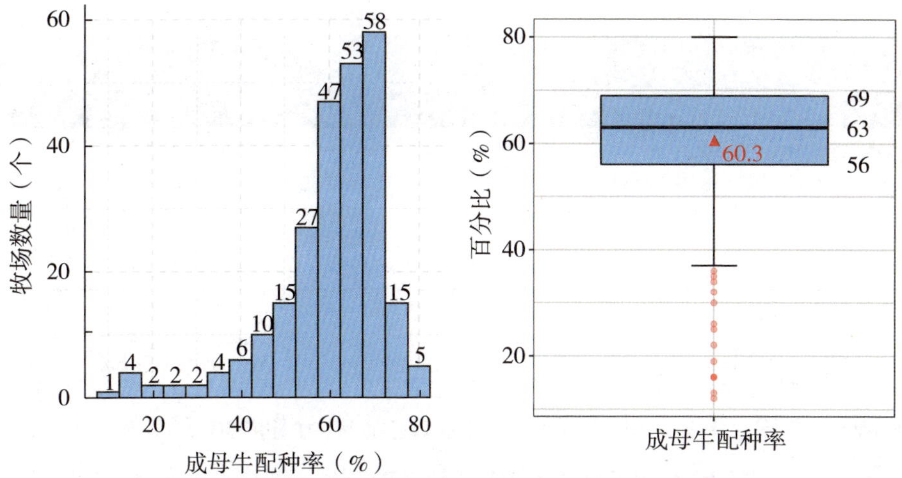

a. 直方图　　b. 箱线图

图3.2　各牧场成母牛21天配种率分布统计（n=251）

对不同规模群体的配种率表现进行与怀孕率一样的分组统计（表3.2），可以看到，几个全群规模分组中，牧场规模越大，平均配种率水平则越高，组内不同牧场间的差异也较小（标准差较小），这个结果与怀孕率表现情况一致。各规模分组中配种率最高值差异不明显（1%～6%），但最小值方面，5 000头以上规模牧场配种率（平均值大于等于68%）明显高于5 000头以下牧场（平均值分别为61.05%、60.78%、54.34%），同样反映出大型牧场相对完善的繁育流程与相对标准的操作规程。各分组配种率最大值无明显差异，表明优秀的配种率表现与群体规模并无明显关系，任何规模的群体均可取得优秀的配种率表现。

表3.2　不同规模群体牧场21天配种率统计结果（n=251）

全群规模（头）	牧场数量（个）	牧场数量占比（%）	平均值（%）	中位数（%）	最大值（%）	最小值（%）	标准差（%）
<1 000	70	27.9	54.34	57.00	74.00	12.00	11.90
1 000～1 999	80	31.9	60.78	63.50	79.00	19.00	10.53

（续表）

全群规模（头）	牧场数量（个）	牧场数量占比（%）	平均值（%）	中位数（%）	最大值（%）	最小值（%）	标准差（%）
2 000～4 999	59	23.5	61.05	65.00	78.00	13.00	12.74
≥5 000	42	16.7	68.00	72.00	80.00	16.00	11.59
总计	251	100.0	60.25	63.00	80.00	12.00	12.47

同比历史年度平均成母牛配种率数据，2020年为56.25%，2019年为49.50%，可见连续两年同比涨幅分别为6.75%，4.00%，不可否认同期发情程序的应用对我们奶牛行业配种率提升的巨大贡献。以2021年不同规模牧场比较同比增长率，可见<1 000头规模牧场涨幅最大，增长5.31%，但与大型牧场仍有一定差距，可见中小规模牧场仍然有较大提升空间，此外<1 000头规模牧场较大的涨幅同时也反映出奶牛信息系统对繁殖流程建立及执行力提高的促进作用。

第三节　成母牛受胎率

成母牛受胎率定义为：配种后已知孕检结果配种事件中怀孕的百分比，计算方法如下：

$$\text{成母牛受胎率（\%）} = \frac{\text{配种怀孕事件数}}{\text{配种事件总数（已知孕检结果）}} \times 100$$

254个牧场当中，其受胎率分布情况如图3.3所示。所有牧场中，受胎率最高为70%，最低为18%，四分位数范围为33%～42%

（50%最集中牧场的分布范围），平均为37.5%，中位数为37%。

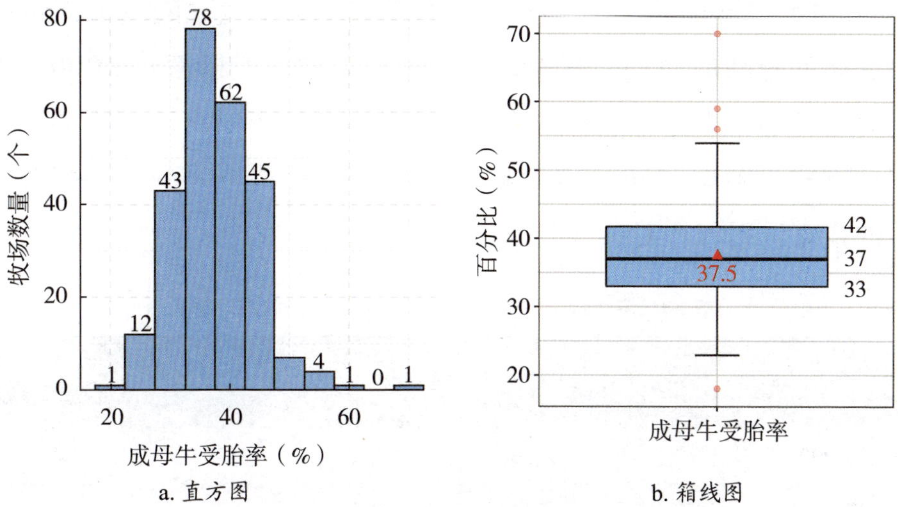

图3.3 成母牛受胎率分布情况统计（*n*=254）

对不同规模群体的受胎率表现进行分组统计（表3.3），可以看到，5 000头以上规模组内差异最小（标准差最小），2 000头以内规模牧场组内差异最大。虽然受胎率无法反映参配率的缺点，但不可否认受胎率的高低对于牧场繁殖策略的选择以及牧场效益高低具有重要的参考意义，所以牧场制订繁育流程时，结合自身受胎率结果作为相应的策略调整是必要的。

表3.3 不同规模群体的受胎率表现

全群规模（头）	牧场数量（个）	牧场数量占比（%）	平均值（%）	中位数（%）	最大值（%）	最小值（%）	标准差（%）
<1 000	70	27.6	34.26	34.00	54.00	18.00	6.62
1 000～1 999	80	31.5	36.80	36.00	70.00	23.00	6.26
2 000～4 999	62	24.4	38.10	38.00	59.00	26.00	6.17
≥5 000	42	16.5	43.17	43.00	56.00	33.00	4.57
总计	254	100.0	37.47	37.00	70.00	18.00	6.75

对不同规模群体在不同配种方式下受胎率表现进行分组统计（表3.4），可以看到，三种配种方式的受胎率呈现随牧场规模越大受胎率越高的趋势。其中，三种配种方式的受胎率在5 000头以上规模组均最大（40.8%～43.7%），但1 000头以内规模牧场三种配种方式受胎率较低（33.5%～34.4%），反映出大型牧场相对完善的繁育流程与相对标准的操作规程。

表3.4　不同规模群体在不同配种方式下受胎率表现

全群规模（头）	牧场数量（个）	牧场数量占比（%）	定时输精（%）	同期处理（%）	自然发情（%）
<1 000	70	27.5	33.5	33.9	34.3
1 000～1 999	80	31.4	36.3	36.2	35.4
2 000～4 999	62	24.3	39.9	37.0	36.5
≥5 000	43	16.9	43.7	41.7	40.8
总计	255	100.0	38.5	37.0	36.2

第四节　成母牛不同配次受胎率

对过去一年251个牛群的成母牛不同配次受胎率进行分析，结果如图3.4所示，可见产后第1次（首次）配种受胎率平均值>第2次配种受胎率平均值>第3次及以上配种受胎率平均值（分别为41.2%，38.7%，32.9%），各牧场不同配次受胎率及不同配次间受胎率差异如图3.5所示。首次配种受胎率四分位数范围为36%～46%，第2次配种受胎率四分位数范围为34%～43%，第3次配种受胎率四分位数范围为28%～37%（四分位数范围为50%最集中牧场的分布范围）。

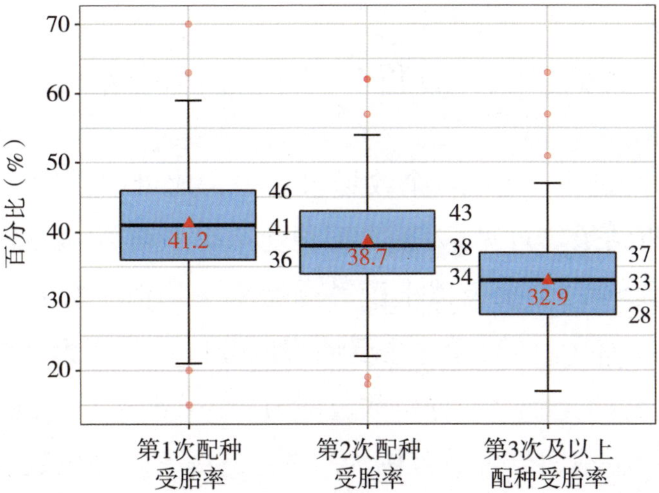

图3.4 各牧场成母牛不同配次受胎率分布箱线图（*n*=251）

对于前两次配种分别进行了差异分析（图3.5），可见超过31%（79/251）的牧场首次配种受胎率仍然低于之后几次配种受胎率，分析其原因，主要包括：一是产后护理及保健流程不完善或执行不力；二是产后牛同期方案执行不佳；三是主动停配期设置不够合理，配种过早。

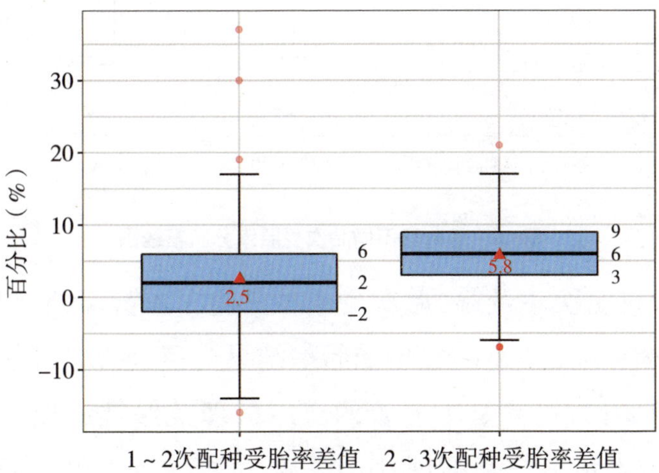

图3.5 牧场成母牛不同配次受胎率差异（*n*=251）

第五节　成母牛不同胎次受胎率

图3.6是过去一年231个牧场牛群中，成母牛不同胎次牛只受胎率的分析结果。可见第1胎次配种受胎率平均值>第2胎次配种受胎率平均值>第3胎次及以上配种受胎率平均值（分别为40.2%，36.7%，35.1%）；第1胎次牛受胎率四分位数范围为35%～46%，第2胎次牛配种受胎率四分位数范围为32%～41%，第3胎次及以上牛只配种受胎率四分位数范围为31%～39%（四分位数范围为50%最集中牧场的分布范围）。

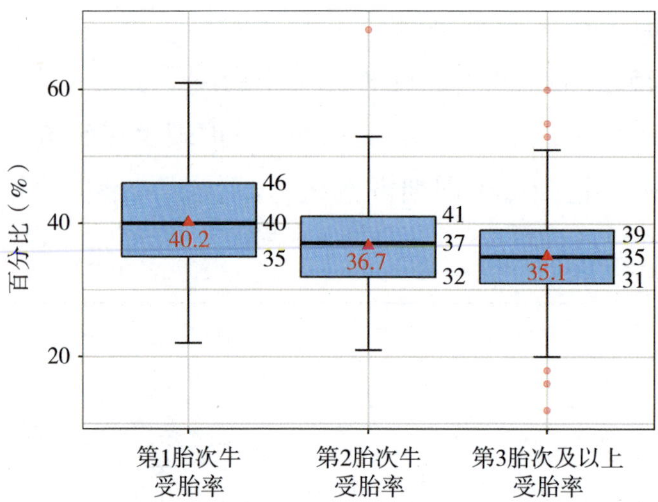

图3.6　各牧场不同胎次受胎率分布箱线图

对于第1胎次牛及第2胎次牛单独进行了差异分析（图3.7），可见有19%（44/231）的牧场受胎率结果为第1胎次牛低于第2胎次牛，可能原因为：一是不完善的产后护理及保健流程；二是青年牛围产天数不足；三是第1胎次牛配种过早，主动停配期设置不合理；四是第1胎次牛发情揭发率低于经产牛。

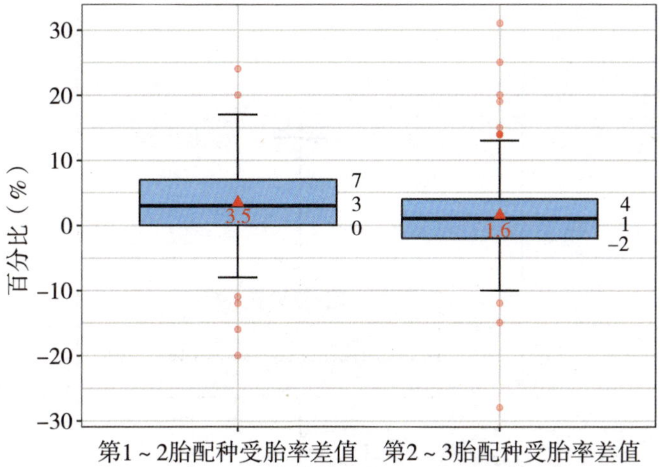

图3.7　牧场成母牛不同胎次受胎率差值图（*n*=231）

第六节　成母牛150天未孕比例

成母牛150天未孕比例，定义为全群成母牛中，产后150天以上牛只中未孕牛只的比例，计算方法如下。

$$成母牛150天未孕比例（\%）=\frac{产后天数>150天未孕牛头数}{产后天数>150天总牛头数}\times 100$$

成母牛150天未孕比例监测的意义主要在于：一是用来反映牧场全群成母牛怀孕效率，二是反映成母牛群中繁殖问题牛群比例。150天未孕比例越低，则表明成母牛群繁殖效率越高，同时成母牛牛群结构中有繁殖问题牛群占比越少。

以247个牧场数据为基础，按照总牛群和不同牛群规模分组分别统计分析。所有牧场当中（图3.8），150天未孕比例平均为26.2%，中位数为23%，最高值为62%，最低值为10%，四分位数范围18%～31%（50%最集中牛群的分布）。

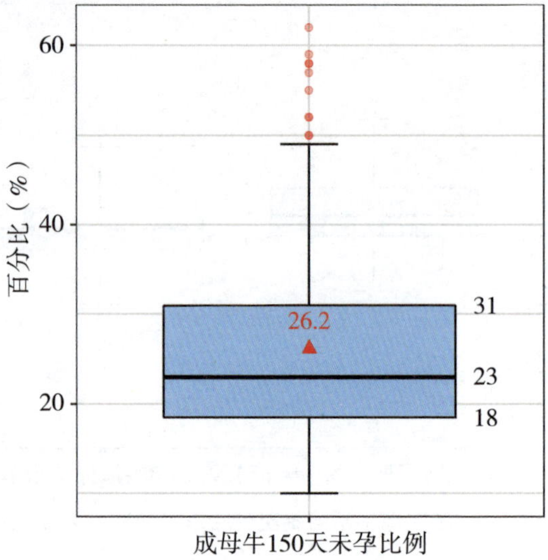

图3.8　成母牛150天未孕比例分布箱线图（*n*=247）

不同规模群体分组统计结果表明（图3.9，表3.5），群体规模越大，其成母牛150天未孕比例平均值表现越低，且组内差异较小。该结果表明规模较大的牧场，数据化管理实施效率越高，关键指标体系管理越完善，针对牛群结构指标的关注越及时，做出的相应调整越到位，从而保持了较好的牛群结构比例。

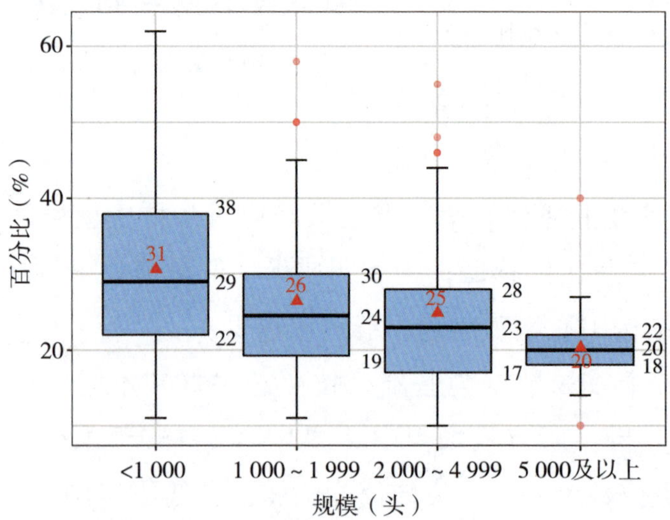

图3.9　不同规模分组群体成母牛150天未孕比例分布箱线图（*n*=247）

表3.5 不同规模群体分组成母牛150天未孕比例统计结果（n=247）

全群规模（头）	牧场数量（个）	牧场数量占比（%）	平均值（%）	中位数（%）	最大值（%）	最小值（%）
<1 000	67	27.1	30.61	29.00	62.00	11.00
1 000～1 999	78	31.6	26.45	24.50	58.00	11.00
2 000～4 999	61	24.7	24.87	23.00	55.00	10.00
≥5 000	41	16.6	20.34	20.00	40.00	10.00
总计	247	100.0	26.17	23.00	62.00	10.00

第七节　平均首配泌乳天数

平均首配泌乳天数，定义为成母牛群中首次配种时的平均产后天数，计算方法为截至当前成母牛中所有胎次有配种记录成母牛的平均首配泌乳天数。平均首配泌乳天数主要用来反映牧场成母牛首次配种的及时性，可作为牛群首次配种方案评估的参考值。

246个牛群中首配泌乳天数分布情况如图3.10所示。平均首配泌乳天数最大为88天，最小为56天，平均值为69天，中位数为68天，四分位数范围65～72天（50%最集中牛群的分布）。

对其中245个牛群成母牛主动停配期统计发现，成母牛主动停配期参数设置最大值80天，最小值45天，平均值为57天，中位数55天，均低于首配泌乳天数，两指标之间差值平均值为12天，也就是实际生产中首配泌乳天数较主动停配期长12天。因此，建议牧场根据实际情况设定成母牛主动停配期，以保证成母牛产后在主动停配期后及时配种。

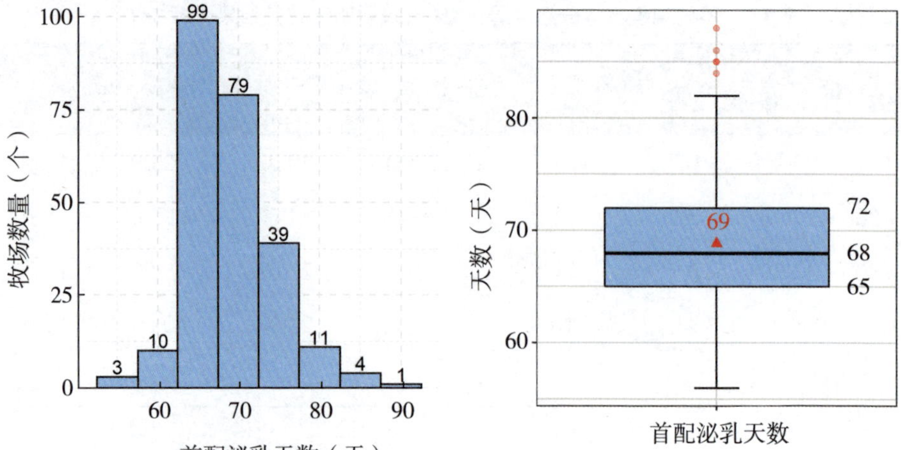

a. 直方图　　　　b. 箱线图

图3.10　牧场平均首配泌乳天数分布统计（*n*=246）

为进一步分析首次配种分布的差异情况，我们选取了平均首配泌乳天数最低的4个牧场进行具体分布情况的查询，这4个牧场的首次配种模式分布情况如图3.11所示。以牧场2为例，其平均泌乳天数为59天，但从其过去一年的首次配种散点图上可以看到，首次配种的方案并不理想，首次配种并不集中，离散度较高，且存在配种过早及配种过晚的牛只（成母牛主动停配期50天），该示例体现出了平均值的片面性，所以在分析数据时，必须确定指标的参考性及意义。

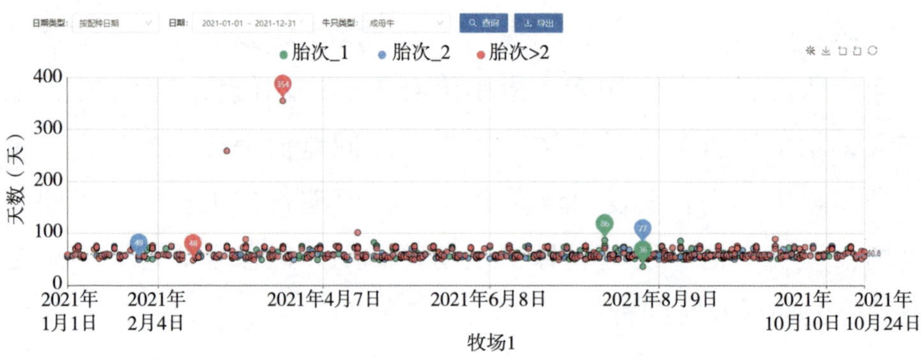

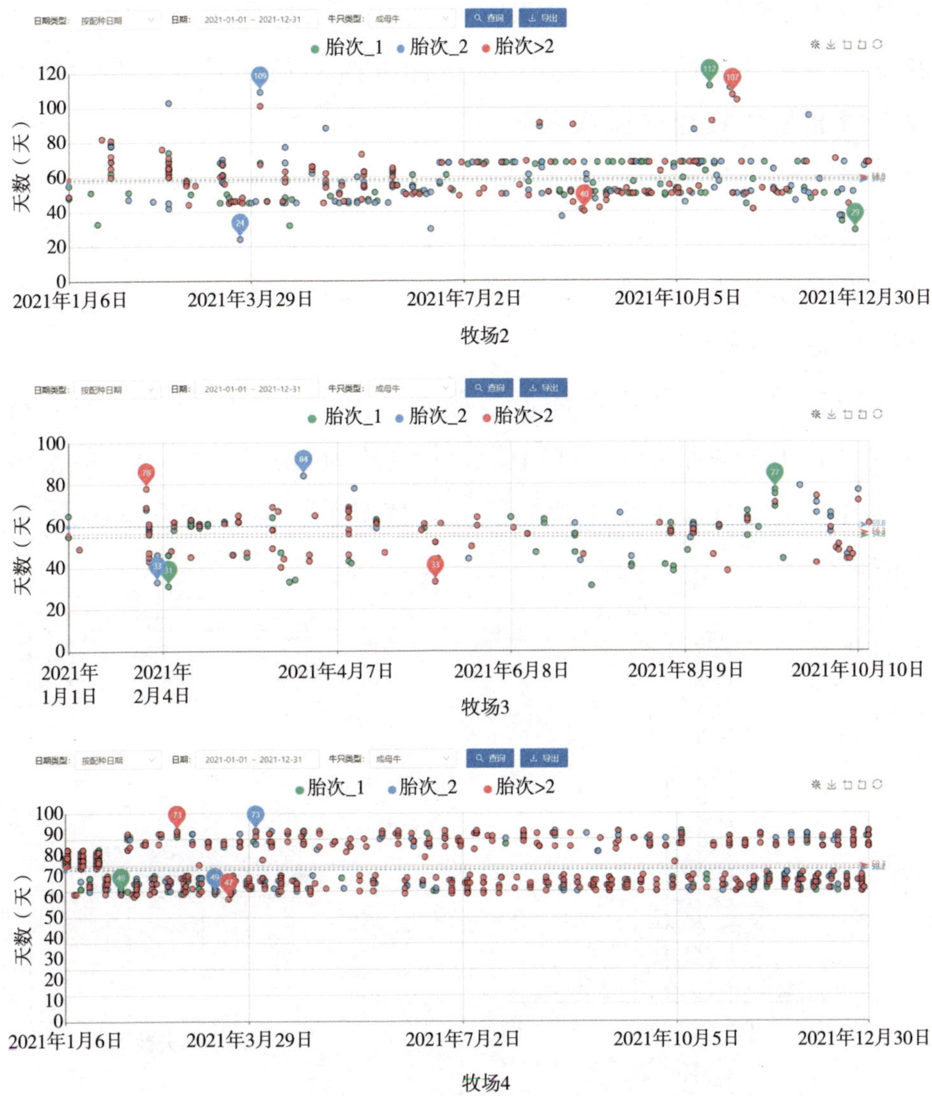

图3.11 最低的4个牧场的首次配种模式分布散点图

第八节 平均空怀天数

平均空怀天数（也称为配妊天数），对于未孕牛只，其定义为牛只产后至今的天数，对于已孕牛只其定义为牛只产后至配种结果为怀孕的配种日期的天数，平均空怀天数算法为当前所有在群成母牛空怀天数的平均值。该指标可作为当前成母牛群的繁殖效率情况及牛只当前胎次繁殖方案实际执行效果的参考值。但其同时受到流产牛、禁配牛等异常牛群比例的影响。因该指标统计牛只仅基于某一个时间点状态计算而来，与21天怀孕率、怀孕牛比例等指标并不处于同一时间维度，所以对这些指标之间没有必要进行关联分析。

245个牛群中平均空怀天数分布情况如图3.12所示，各牛群中平均空怀天数平均值为134天，中位数为128天，四分位数范围117～143天（50%最集中牧场的分布情况），最大值为244天，最小值为63天。

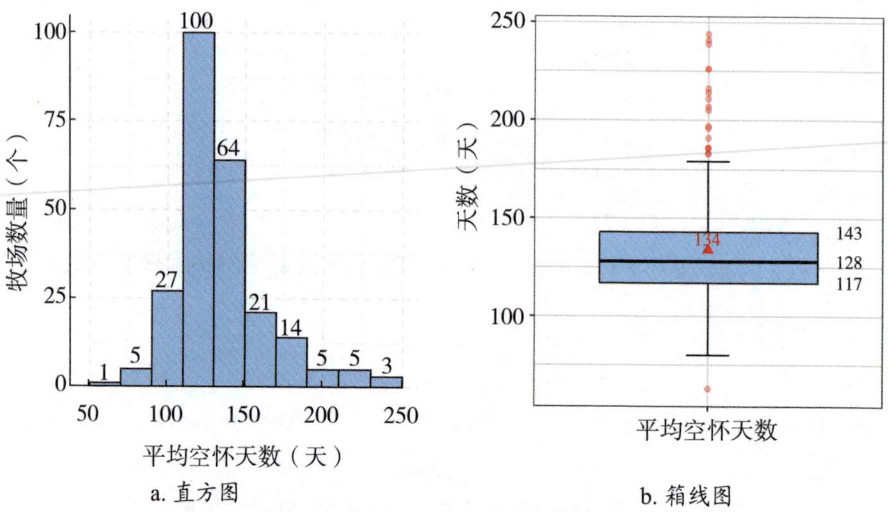

图3.12　各牧场平均空怀天数分布统计（*n*=245）

第九节　平均产犊间隔

平均产犊间隔，指经产牛本次产犊与上次产犊时的间隔天数，其计算方法为牛只本次产犊日期减去上次产犊日期。牛只至少产犊两次才可以计算产犊间隔。平均产犊间隔为经产牛群产犊间隔的平均值，虽然存在反映繁殖效率滞后的缺点，但可作为牛群上一胎次繁殖效率的最适评估标准。

对243个牧场进行统计（图3.13），分析结果可见，牧场产犊间隔的平均值为402天（同比下降2天），中位数为400天，四分位数范围388～412天（50%最集中牧场的分布情况），最大值为484天，最小值为339天。

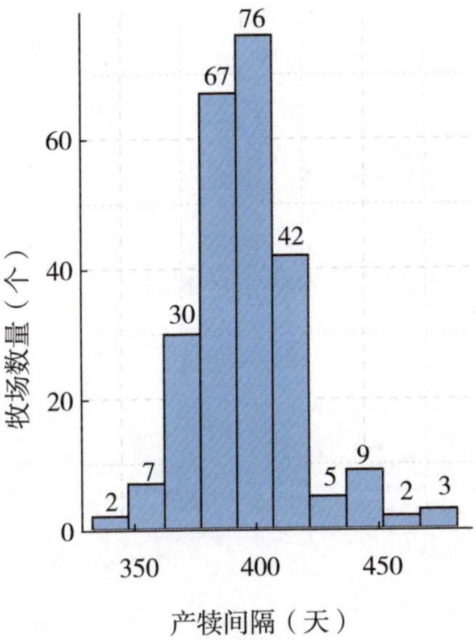

a. 直方图

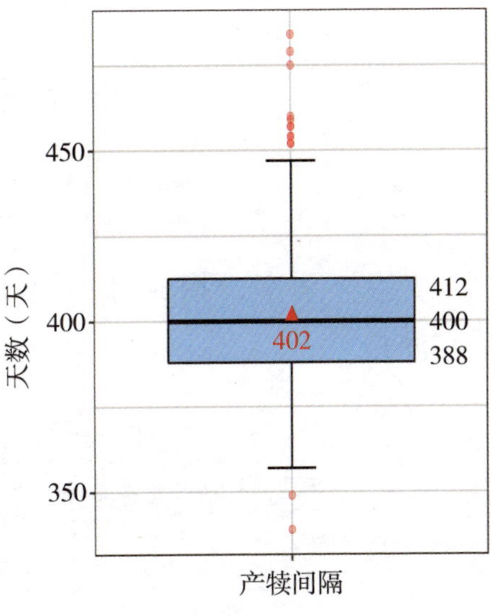

b. 箱线图

图3.13 牧场平均产犊间隔分布情况统计（*n*=243）

对产犊间隔较低的4个牧场且2020年至少有10个月及以上月度怀孕率数据的进行深入分析，其2020年度21天怀孕率分别为31.0%、33.0%、30.0%、29.0%，均在25.0%以上，可见产犊间隔作为评估繁育指标时的滞后性。

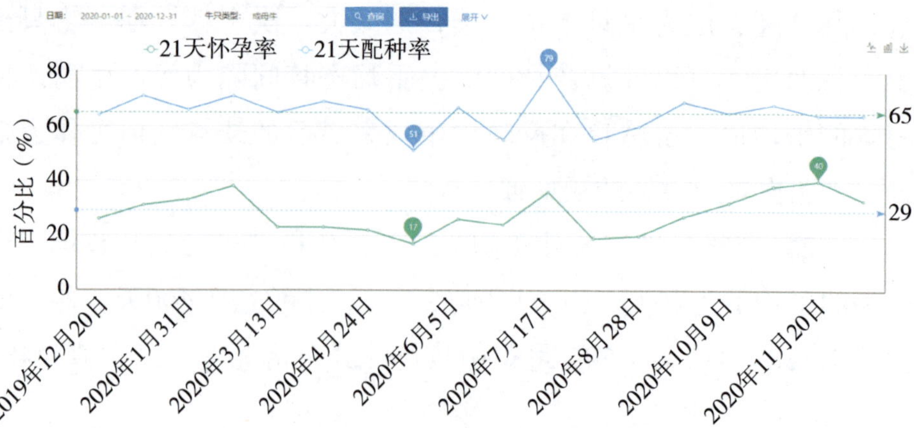

图3.14　高怀孕率低产犊间隔牧场21天怀孕率表现

第十节　孕检怀孕率

孕检怀孕率，指成母牛孕检总头数中孕检怀孕的比例，计算方法如下。

$$\text{孕检怀孕率（\%）}=\frac{\text{成母牛孕检怀孕事件数}}{\text{成母牛孕检事件总数}}\times 100$$

孕检怀孕率为反映成母牛配后第一个情期发情揭发率的有效指标，孕检怀孕率越高，表明牧场对于配后牛只的发情揭发工作越积极与有效。但很多生产人员通过该指标评估受胎率，这是对孕检怀孕率的误解。因为能够及时发现牛只返情，是不必等到孕检即可发现其空怀的。所以其更重要的意义是评估发情揭发率的表现，是对发情揭发制度和配种人员工作效率的评价。

247个牧场过去一年的孕检怀孕率情况见图3.15。可见各牧场成母牛孕检怀孕率平均为61.3%，中位数为61%，四分位数范围

56%～68%（50%最集中牧场的分布情况），最高为88%，最低为37%。

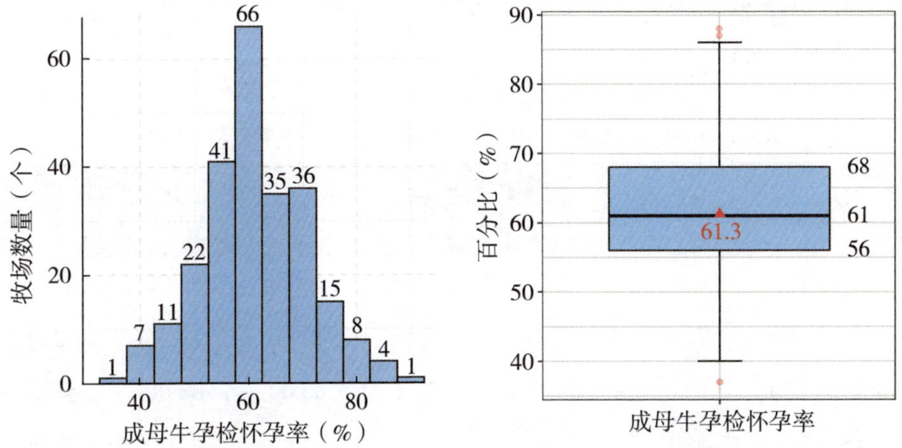

a. 直方图　　　　b. 箱线图

图3.15　牧场成母牛孕检怀孕率分布情况统计（*n*=247）

由于群体规模及人员配置与繁育人员工作方式有很大关联性，我们对不同规模群体分组的孕检怀孕率进行了统计（表3.6，图3.16），发现2 000头以下牧场仍有较大提升空间，5 000头以上牧场变异范围相对最小，且最高值相对在几个分组中较低。分析原因主要是大型牧场有较为规范的繁育操作规程，人员执行、检核相关的工作机制较为完备。大型牧场孕检怀孕率表现最好的牧场未表现出很突出的水平（最大值86%），我们推测可能原因：一方面由于较为规范的繁育操作流程，致其相对缺乏每日进行人工观察发情的人力以及缺少灵活处理的空间；另一方面大型牧场为保证繁殖效率的高效，配后孕检天数设置较短且相对稳定，工作流程中对于返情观察的流程较易固化。统计结果表明，2 000～4 999头规模的牛群更有可能取得更高的孕检怀孕率表现。

此外，通过分析牧场成母牛配种后首次孕检时孕检天数，得出247个牧场首次孕检天数平均值为36.5天，中位数为35.7天，平均首次孕检天数最大的牧场为75天，最小的为23天。而孕检怀孕率和首次孕检天数之间的相关关系为0.206，呈现较弱的相关性。这也说明孕检怀孕率为反映成母牛配后第一个情期发情揭发率的有效指标，但与牧场孕检天数相关不高。

表3.6　不同规模群体分组的孕检怀孕率统计分布情况（*n*=247）

全群规模（头）	牧场数量（个）	牧场数量占比（%）	平均值（%）	中位数（%）	最大值（%）	最小值（%）
<1 000	65	26.3	58.08	55.00	85.00	37.00
1 000～1 999	79	32.0	59.52	60.00	78.00	42.00
2 000～4 999	62	25.1	64.76	65.00	88.00	45.00
≥5 000	41	16.6	64.32	62.00	86.00	52.00
总计	247	100.0	61.25	61.00	88.00	37.00

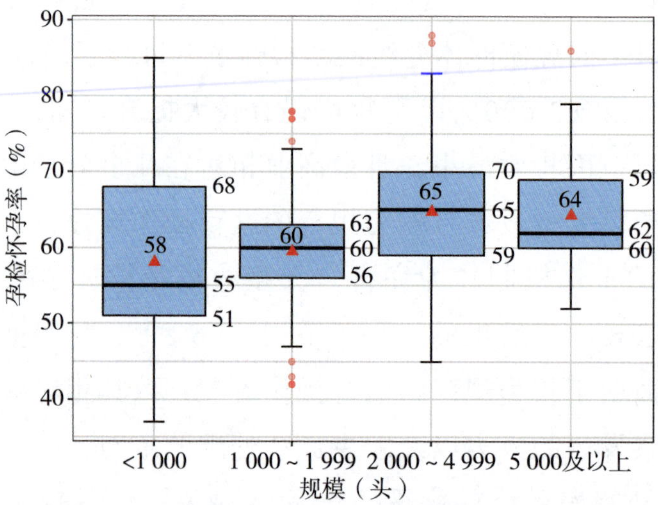

图3.16　不同规模群体孕检怀孕率分布箱线图（*n*=247）

第四章 关键健康生产性能现状

保证牛群健康也是提高牧场盈利能力的关键点之一，而且随着生产水平的发展，保证牛群的健康也不仅仅是药物治疗，更多牧场在接受并理解着保证牛群健康的理念，即生产兽医学的思维。繁殖、乳房健康、精准饲养及营养保证、奶牛舒适度，这些方面管理水平的提高，最终都将转化为死淘率下降、乳腺炎发病率的下降及产后代谢病发病率的降低。本章汇总统计了一牧云用户牛群中的健康指标表现，包括成母牛死淘率、产后60天与30天死淘率、年度乳腺炎发病率、产后代谢病发病率，以及关联影响牛群健康的平均干奶天数、围产天数及流产率的表现情况和分布范围。

第一节 成母牛死淘率

在250个牧场的共计110 318条成母牛死淘相关记录中，淘汰记录占比79.66%（87 883/110 318），死亡记录占比20.34%（22 435/110 318），可见死淘牛群中淘汰牛群占主要部分。

250个牧场的死淘率分布情况如图4.1所示，可见年死淘率平均值27.5%，最大值63%，最小值1.8%，中位数27%；年死亡率平均值6.2%，最大值27.2%，最小值0%，中位数6%；年淘汰率平均值

21.3%，最大值56.7%，最小值0%，中位数21%。

奶牛在牧场离场（即死淘）有两种，一种是死亡，另一种是淘汰，淘汰一般是活牛离场，没有死亡的；死亡是牛只已经死亡的离场。

成母牛年死淘率、死亡率及淘汰率计算方法如下。

$$成母牛年死淘率（\%）=\frac{成母牛死亡与淘汰总数}{成母牛年总平均饲养头数}\times 100$$

$$成母牛年淘汰率（\%）=\frac{成母牛淘汰总数}{成母牛年总平均饲养头数}\times 100$$

$$成母牛年死亡率（\%）=\frac{成母牛死亡总数}{成母牛年总平均饲养头数}\times 100$$

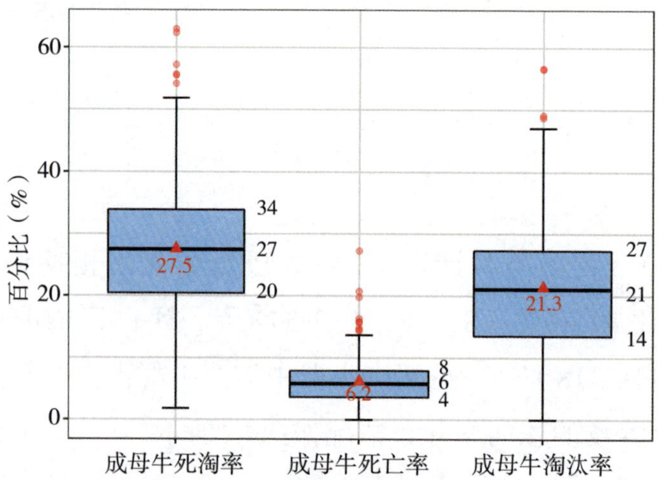

图4.1　牧场成母牛年死淘率、死亡率及淘汰率风险分布

对其中223个有主动淘汰、被动淘汰记录的牧场统计后发现，成母牛主动淘汰占比平均为34.4%，中位数为32.3%，四分位数范围为19.9%～45.4%（50%最集中牧场的分布情况）。

按胎次对死淘牛只进行分组统计结果如图4.2所示，1胎牛占比25.8%，2胎牛占比22.9%，3胎及以上牛只占比51.3%。其中1胎、2胎、3胎及以上淘汰牛只占比均超过死亡牛只占比的3倍以上。

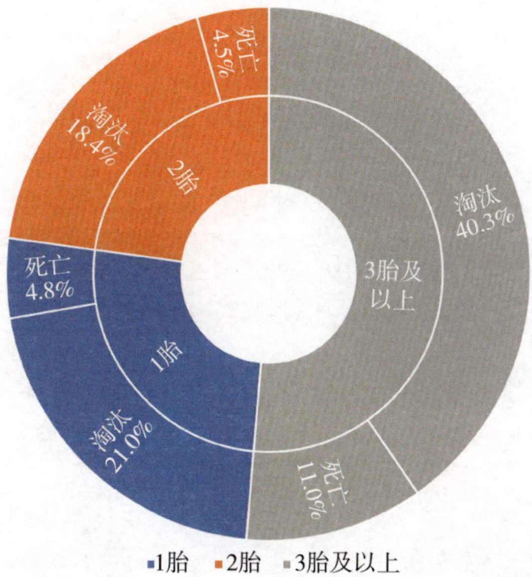

图4.2 不同胎次组死淘牛只占比情况（*n*=110 318）

按死亡、淘汰牛只主要死淘阶段分布情况统计如图4.3所示，110 318头死淘牛只中有30.1%的牛只在产后300天以上淘汰（33 260头），14.3%在产后30天内淘汰（15 735头），5.7%在产后31～60天内淘汰（6 338头）；9.6%在产后60天内死亡（10 525头）。

不同胎次牛只主要死淘阶段分布情况如图4.3所示，3胎及以上牛只死淘主要发生在产后300天以上（占总死淘14.5%）和产后30天内（13.4%）；头胎牛、2胎牛死淘主要发生产后300天以上（分别为10.4%、8.6%）。

可见，牛只淘汰主要发生在产后30天内和300天以上，牛只死亡主要发生在产后60天内。具体分析产后300天以上淘汰原因发现，主要原因为不孕症（7 891头）、低产（6 581头）、其他原因（5 270头），以及滑倒卧地不起（劈叉）（1 141头）。前两项不孕症和低产原因淘汰均为主动淘汰。

产后60天、30天内死淘原因将在下节分析。

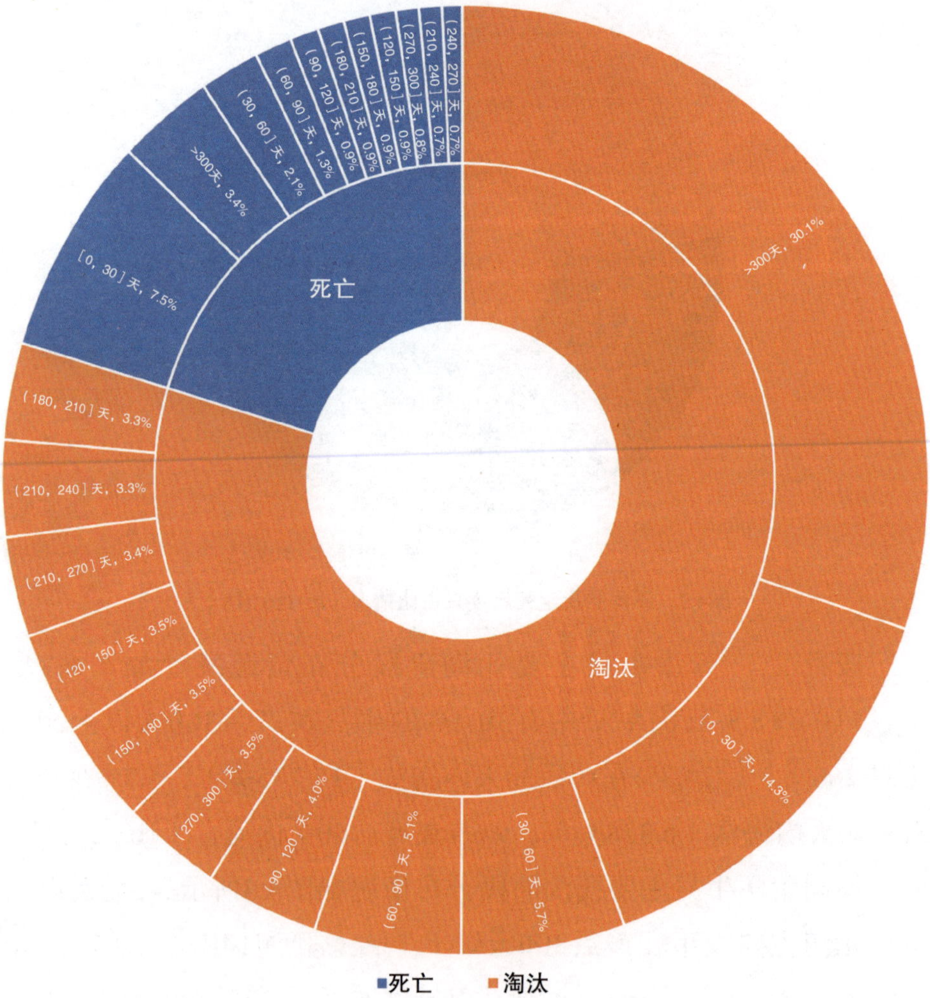

a. 不同死淘类型

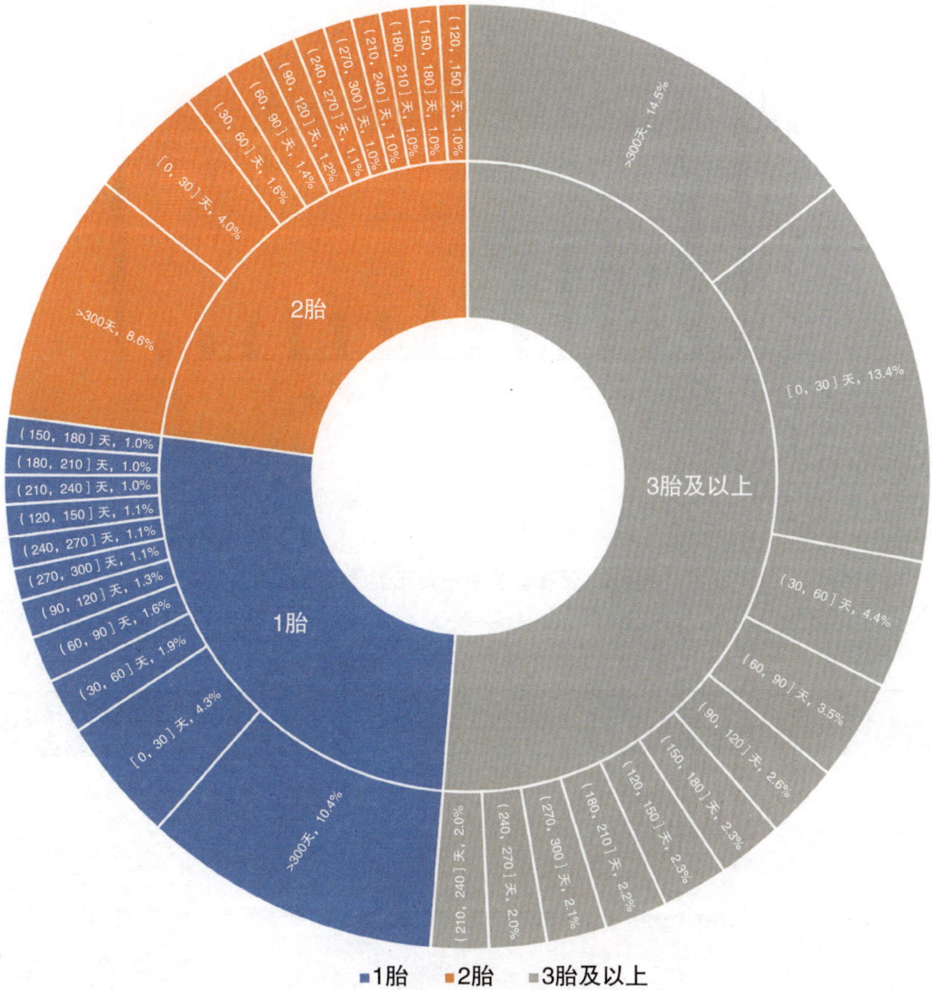

b. 不同胎次

图4.3　不同死淘类型和胎次分组下死淘阶段分布占比（*n*=110 318）

对110 318条死淘记录按死淘原因进行统计（图4.4，表4.1），可见占比最高的5种死淘原因为低产（11.7%）、不孕症（7.8%）、滑倒卧地不起（劈叉）（5.6%）、乳腺炎（5.3%）与肠炎（4.9%），其中“其他”原因占比高达14.7%，主要原因是没有具体死淘原因，因此建议在录入记录时，应尽量明确牛只死淘的原因，录入完整死淘信息，尽可能减少模糊性描述。

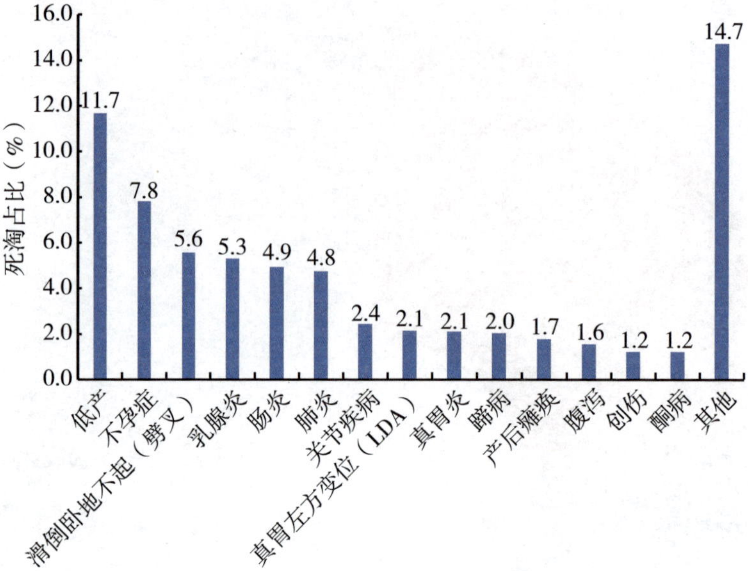

图4.4　死淘记录中主要死淘原因占比

表4.1　14种主要死淘原因、数量及占比

序号	死淘原因	死淘头数（头）	死淘占比（%）
1	低产	12 858	11.7
2	不孕症	8 586	7.8
3	滑倒卧地不起（劈叉）	6 138	5.6
4	乳腺炎	5 858	5.3
5	肠炎	5 418	4.9
6	肺炎	5 244	4.8
7	关节疾病	2 688	2.4
8	真胃左方变位（LDA）	2 354	2.1
9	真胃炎	2 312	2.1
10	蹄病	2 245	2.0

（续表）

序号	死淘原因	死淘头数（头）	死淘占比（%）
11	产后瘫痪	1 926	1.7
12	腹泻	1 717	1.6
13	创伤	1 356	1.2
14	酮病	1 331	1.2
15	其他	16 251	14.7
合计		76 282	69.1

对主要的死亡原因与淘汰原因进行分类统计（图4.5，图4.6），可见占比超过5%的死亡原因为肠炎（7.6%）、肺炎（7.2%）、乳腺炎（6.0%）、真胃炎（5.0%）；占比超过5%的淘汰原因为低产（14.6%）、不孕症（9.8%）、滑倒卧地不起（劈叉）（5.8%）、乳腺炎（5.1%）。

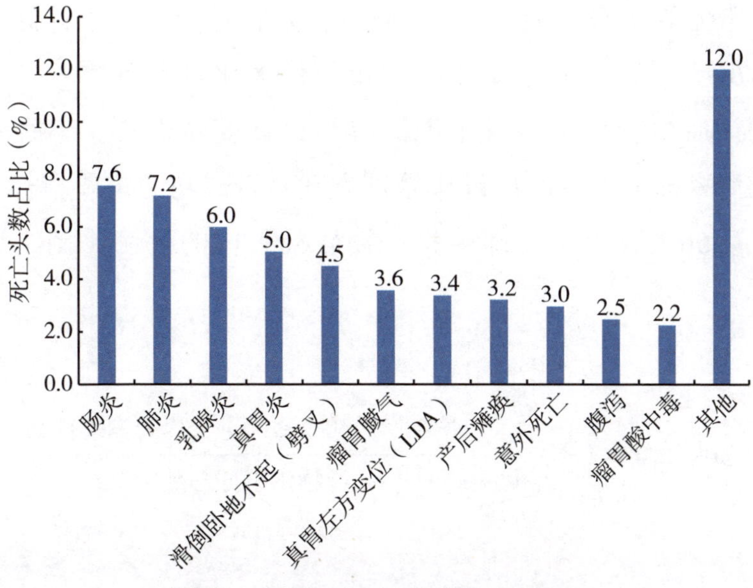

图4.5 11种主要死亡原因占比分布情况

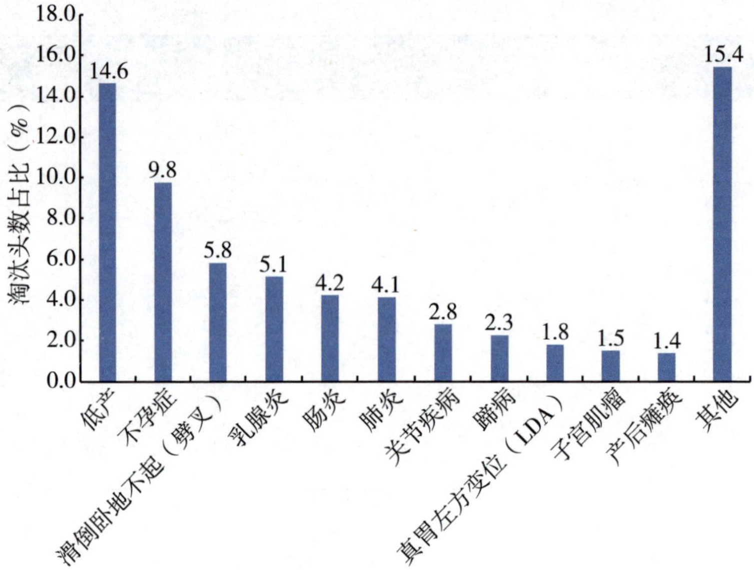

图4.6　11种主要淘汰原因占比统计

第二节　产后60天与30天死淘率

通常泌乳牛在产后第6～12周达到泌乳高峰期，牛只健康地度过产后60天、30天对于奶牛利用价值最大化具有重要意义，所以成功的产后牛管理策略对于牛群盈利具有重要意义。产后60天、30天死淘率即为评价产后健康管理方案是否成功的重要指标。

产后60天死淘率，即牛只产犊后60天内的死淘比例，计算方法如下。

$$产后60天死淘率（\%）=\frac{产犊牛产后60（\leqslant 60）天内死淘事件数}{产犊牛事件总数}\times 100$$

产后30天死淘率，即牛只产犊后30天内的死淘比例，计算方法如下。

$$产后30天死淘率（\%）=\frac{产犊牛产后30（\leqslant 30）天内死淘事件数}{产犊牛事件总数}\times 100$$

在死淘数据统计中，我们已经可以看到，产后60天死淘牛只占全部成母牛死淘头数的30%（32 598/110 318），其中产后30天死淘牛只占产后60天死淘牛只73.6%（23 989/32 598）。

对243个牧场过去一年的产后60天死淘率进行统计分析（图4.7），可见产后60天死淘率平均值为7.2%，中位数为7.1%，四分位数范围4.8%～9.1%（50%最集中牧场的分布情况），最高为19.1%，最低为0.5%。产后60天死亡率平均值为2.4%，中位数为2.1%，四分位数范围1.3%～3.2%，最高为8.5%，最低为0.1%；产后60天淘汰率平均值为4.8%，中位数为4.2%，四分位数范围2.4%～6.5%，最高为14.1%，最低为0.1%。

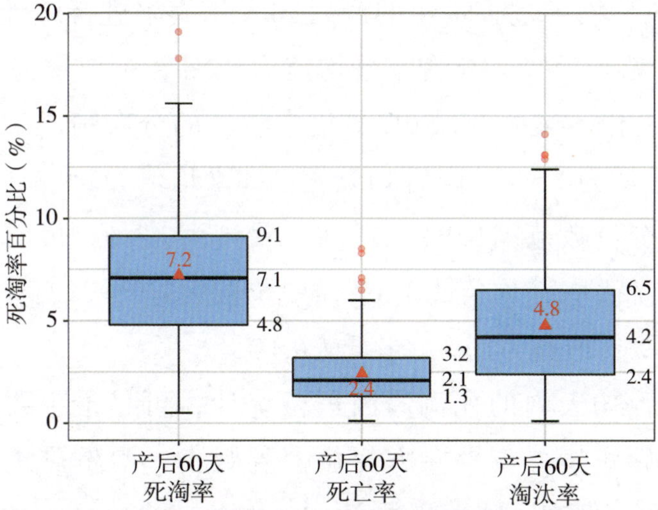

图4.7　各牧场产后60天死淘率分布情况（*n*=243）

对产后60天内的死淘原因进行统计（图4.8），可见最主要的原因依次为：乳腺炎、滑倒卧地不起（劈叉）、真胃左方变位、肠炎、产后瘫痪、肺炎和低产，后面的章节我们将对乳腺炎和产后代谢疾病分别进行分析。

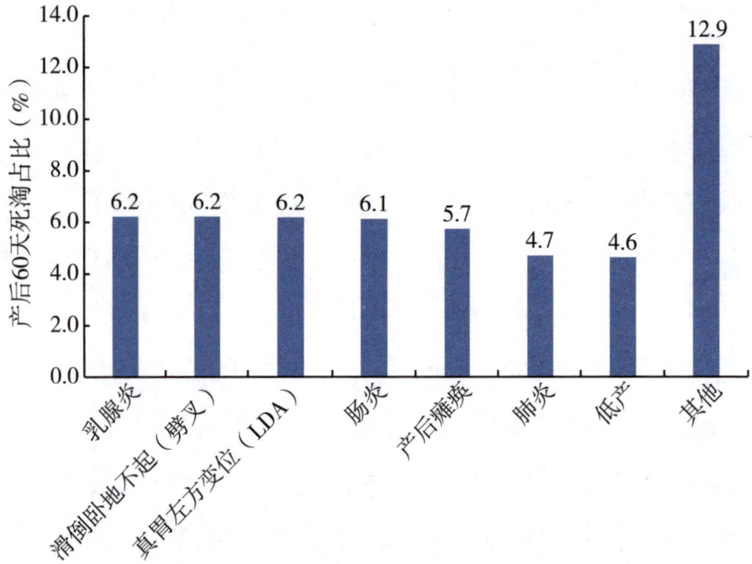

图4.8　产后60天主要死淘原因头数及分布占比（*n*=17 011）

对239个牧场过去一年的产后30天死淘率进行统计分析（图4.9），可见产后30天死淘率平均值为5.2%，中位数为5%，四分位数范围3.4%～6.6%（50%最集中牧场的分布情况），最高为15.6%，最低为0.5%。产后30天死亡率平均值为1.9%，中位数为1.7%，四分位数范围1.0%～2.5%，最高为7.3%，最低为0.1%；产后30天淘汰率平均值为3.3%，中位数为2.9%，四分位数范围1.6%～4.6%，最高为10%，最低为0.1%。

对产后30天内的死淘原因进行统计，可见最主要的原因依次为：产后瘫痪、真胃左方变位、乳腺炎、滑倒卧地不起（劈叉）、肠炎、低产、肺炎和酮病。

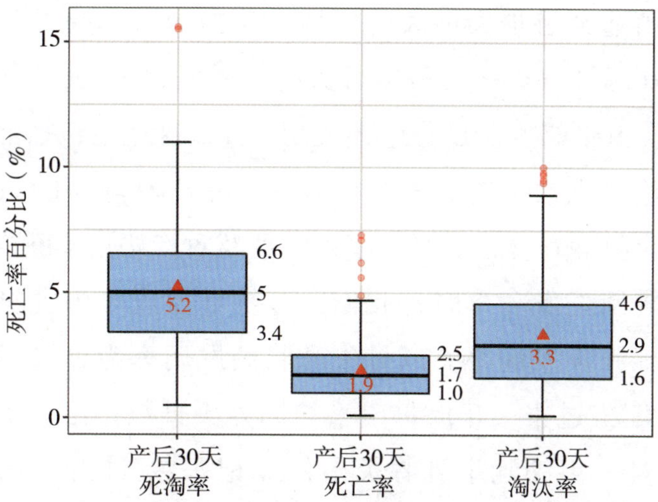

图4.9　各牧场产后30天死淘率分布情况（*n*=239）

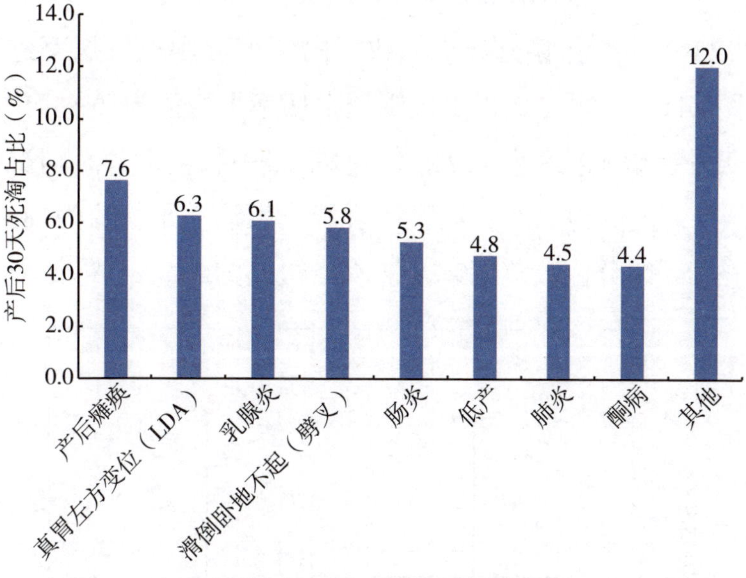

图4.10　产后30天主要死淘原因头数及分布占比（*n*=13 470）

第三节　年度乳腺炎发病率

众所周知，乳腺炎是一种关于乳腺感染的疾病。乳腺炎是造成奶牛养殖业经济损失最大的疾病，美国国家乳腺炎防治委员会十年前统计因乳腺炎平均每年每头奶牛损失超过200美元，乳腺炎引起的损失占牛奶生产过程中损失的70%，这还不包括治疗费、抗奶丢弃、治疗人力成本、淘汰牛和死亡牛。乳腺炎的高发病率主要归咎于管理不完善、挤奶程序不合理及对产奶量不断的追求。

计算乳腺炎发病率时，我们区分统计了成母牛乳腺炎发病率及泌乳牛乳腺炎发病率。成母牛乳腺炎发病率为过去一年乳腺炎事件登记头数/过去一年成母牛平均饲养头日数；泌乳牛乳腺炎发病率为过去一年泌乳牛乳腺炎事件登记头数/过去一年泌乳牛平均饲养头日数。计算过程中，同一牛只在同一胎次多次发病算一头，同一牛只在不同胎次发病时算两头。

对223个可供乳腺炎分析的牧场的年度乳腺炎发病率进行统计分析（图4.11），可见成母牛乳腺炎发病率平均值为16%，中位数为13%，四分位数范围8%～22%（50%最集中牧场的分布情况），最高为52.4%，最低为0.5%；泌乳牛乳腺炎发病率平均值为18.2%，中位数为15%，四分位数范围9%～25%，最高为59.7%，最低为0.6%。

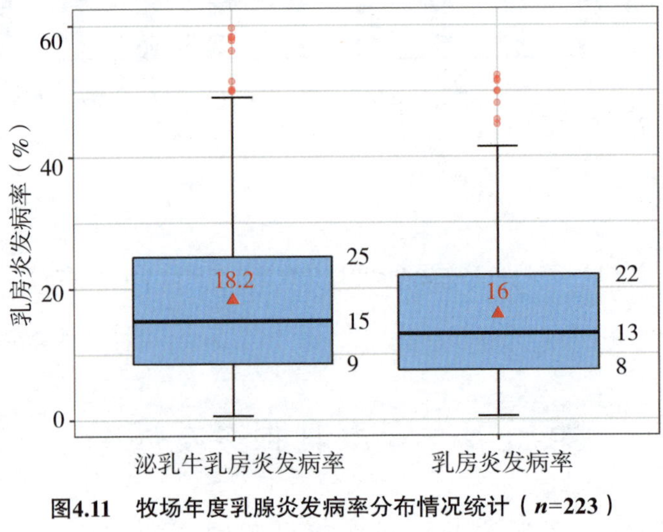

图4.11　牧场年度乳腺炎发病率分布情况统计（n=223）

第四节　产后代谢病发病率

在妊娠阶段，母牛要供给犊牛所需要的一切营养物质，所以自身会保持很高的相关激素水平，并且有可能动用自身的营养物质，这就有可能对母牛自身的防御体系产生一定的不利影响，而产犊时母牛又可能消耗大量能量，就可能产生各种应激反应，随之而来的就是可能发生各种代谢性疾病，常见的包括胎衣不下、子宫炎、酮病、产后瘫痪、真胃移位等。

产后代谢病发病率的计算方法如下。

$$产后代谢病发病率（\%）=\frac{产后30（\leqslant 30）天对应疾病事件登记头数}{过去一年产犊事件总数}\times 100$$

注：同一牛只在同一胎次多次发病算一头，同一牛只在不同胎次发病时算两头。

排除数据为0的牧场，对于过去一年各产后代谢病的发病率进行统计，统计结果如图4.12及表4.2所示。结果可见，牧场牛只产后发生胎衣不下及子宫炎的风险较高。

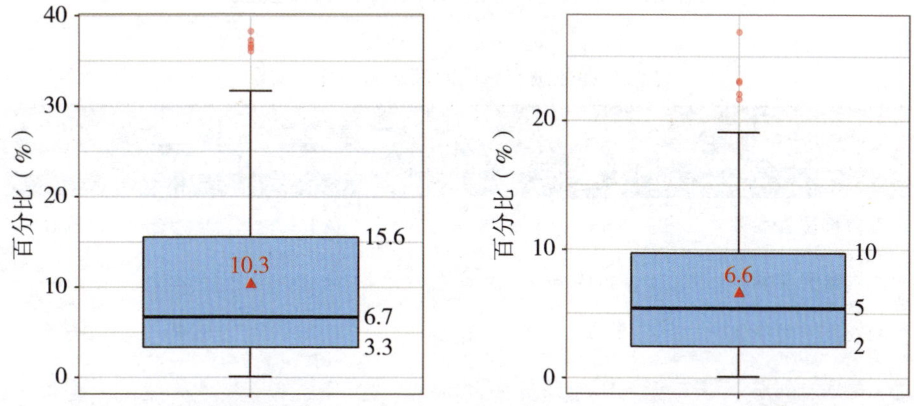

a. 子宫炎　　b. 胎衣不下

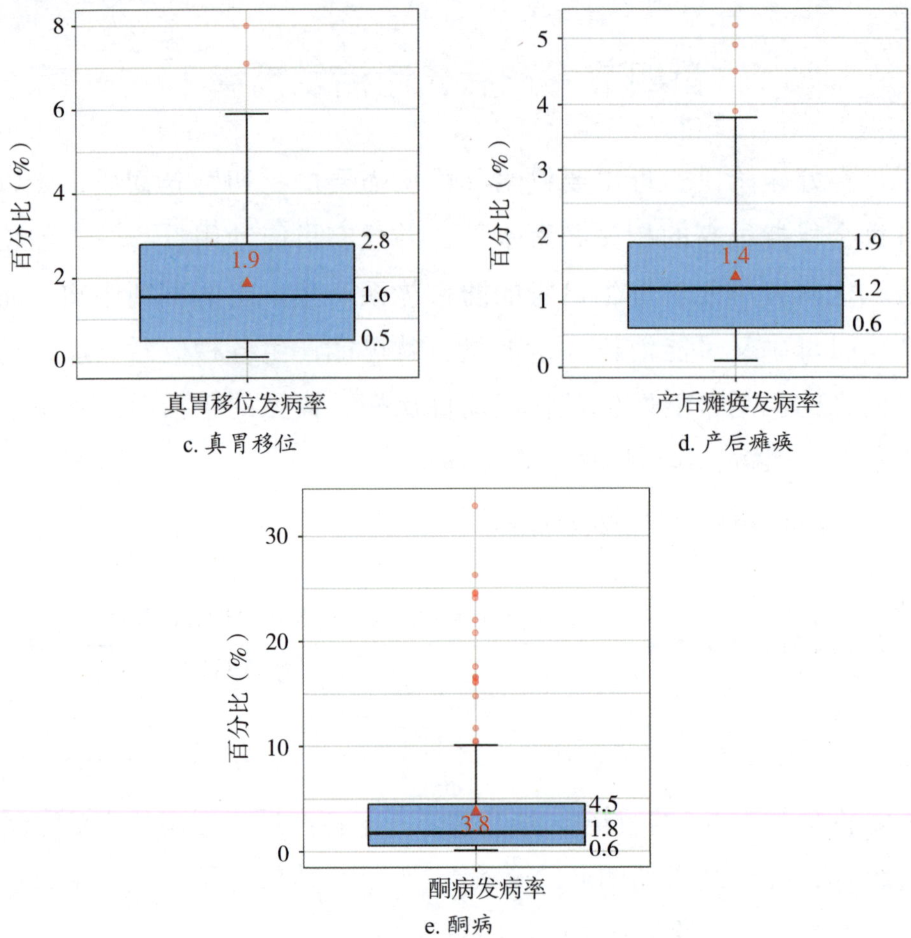

图4.12　各牧场产后代谢病发病率统计箱线图

表4.2　各牧场产后代谢病发病率统计结果

产后代谢病	牧场个数（个）	最大值（%）	最小值（%）	中位数（%）	平均值（%）
真胃移位发病率	188	8	0.1	1.55	1.9
产后瘫痪发病率	189	5.2	0.1	1.2	1.4
胎衣不下发病率	215	26.9	0.1	5.4	6.6
酮病发病率	192	32.9	0.1	1.8	3.8
子宫炎发病率	211	38.3	0.1	6.7	10.3

第五节　平均干奶天数及围产天数

平均干奶天数，定义为牛只从干奶到产犊时所经历的天数；平均围产天数，定义为牛只从进围产到产犊时的天数。

成功分娩和实现奶牛价值最大化的关键在于干奶期的成功饲养，其中围产期则起着更加重要的决定性作用。为保证奶牛有足够的营养物质供给犊牛发育，需保证奶牛足够长的干奶期及围产期，所以通常需要牧场持续监测及评估牛群的干奶天数及围产天数，这些指标通常可以反映出牛群围产期管理得好坏并与牛群产后的健康状况显著相关。理想的干奶天数为60天左右，围产天数为21天左右，更多的牛只分布在这个范围当中应是众多牧场持续追求的目标。由于平均值的局限性，所以平均值仅作为参考，对于不同牛群之间的比较，平均值也仅可作为参考，如果想更好地评估干奶天数或者围产天数是否合理，应该深入查看牛群的围产天数分布范围情况（图4.13），图4.13中A、B为理想的围产天数分布情况，呈现正态分布，多数牛只围产天数集中在21天左右，围产天数过低或过高头数较少，图4.13中C、D为不理想的围产天数分布情况，分布呈现非正态分布，且围产天数分布波动较大。

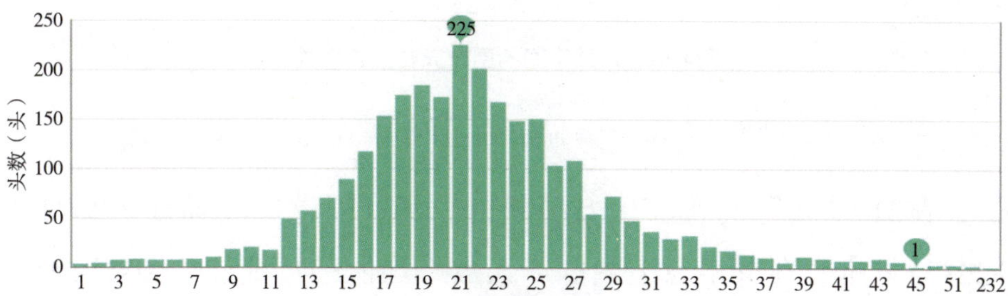

围产天数分布模式A

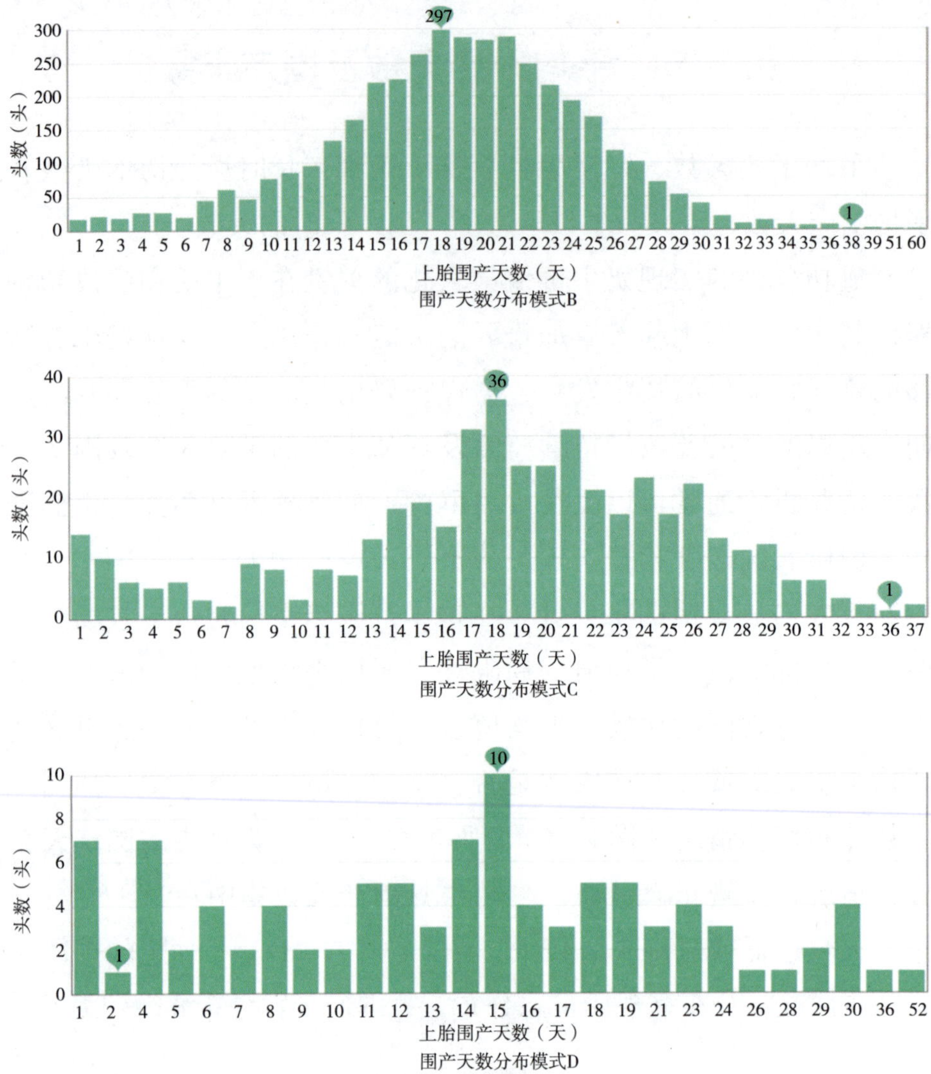

图4.13　几种不同的围产天数分布模式

注：A、B为理想的围产天数分布情况；C、D为不理想的围产天数分布情况。

在217个可进行围产天数分析的牧场，对这些牧场截至2021年12月31日所有在群牛只上胎围产天数平均值进行统计（图4.14），可见围产天数平均值为23天，中位数为23天，四分位数范围21～25天（50%最集中牧场的分布情况），最高为62天，最低为7天。

217个牧场当中，有一个牧场平均围产天数低至7天，核查牧场具体原因后发现，该牧场成母牛围产天数参数设置为260天（即怀孕天数达到260天时转围产），但牧场2021年全年无转围产事件，2020年有40条转围产记录，多数为集中转围产，且转围产时牛只怀孕天数超过270天的有11头。建议围产天数设置较大的牧场，及时转群或适当调整围产天数至255天左右，以保证牛只围产天数在21天左右。

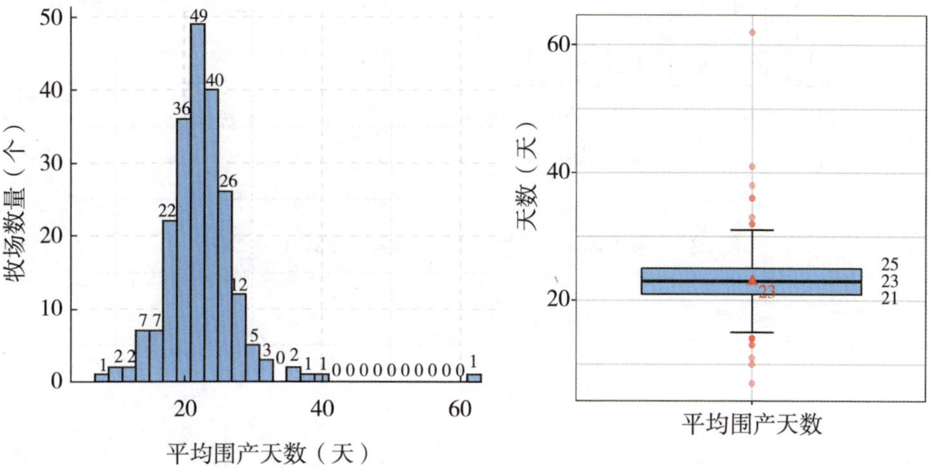

a. 直方图　　b. 箱线图

图4.14　各牧场平均围产天数分布情况统计（*n*=217）

当平均干奶天数过长时，通常是由于牧场存在较多的非正常干奶牛，导致统计数字偏大；而当平均干奶天数过短时，通常是由于牧场存在较大比例的流产或者早产牛只。

在241个可进行干奶天数分析的牧场，对这些牧场截至2021年12月31日所有在群牛只上胎干奶天数平均值进行统计（图4.15），可见干奶天数平均值为65天，中位数为63天，四分位数范围59～69天（50%最集中牧场的分布情况），最高为97天，最低为49天。

241个牧场当中，有2个牧场平均干奶天数低至49天，核查牧场具体原因后发现，2个牧场全群牛头数均在500头以内，干奶天数参数设置均为220天，2021年全年干奶牛只较少，且干奶天数低于49天的较多（占比34%以上），所以平均干奶天数较低。

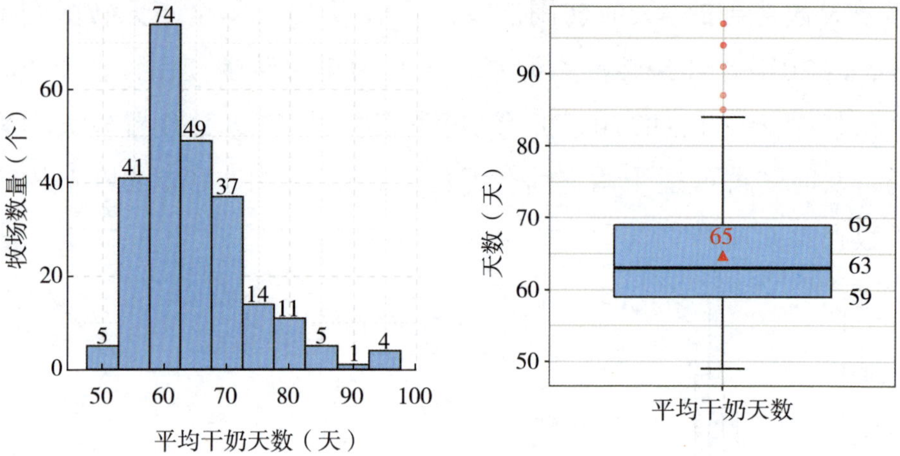

a. 直方图　　b. 箱线图

图4.15　各牧场平均干奶天数分布情况统计（*n*=241）

第六节　流产率

流产，或称妊娠损失（Pregnant loss），是由于胎儿或者母体的生理过程发生扰乱，或它们之间的正常关系受到破坏，而使怀孕中断，一般指怀孕42～260天的妊娠中断、胎儿死亡。

$$\text{成母牛流产率(全)}^{①}(\%)=\frac{\text{成母牛配种事件中配种结果为流产事件数}}{\text{成母牛配种事件中配种结果为流产+怀孕总数}}\times 100$$

$$\text{青年牛流产率（全）（\%）}=\frac{\text{青年牛配种事件中配种结果为流产事件数}}{\text{青年牛配种事件中配种结果为流产+怀孕总数}}\times 100$$

① 全为包含复检空怀的意思，是为了与系统保持一致。

对249个牧场成母牛流产率（全）和245个牧场青年牛流产率（全）进行统计，结果如图4.16和图4.17所示。成母牛流产率（全）最高为49%，最低为1%，平均值为16.7%，中位数为17%，四分位数范围12%～21%（50%最集中牧场的分布情况）；青年牛流产率（全）最高为49%，最低为1%，平均值为8%，中位数为7%，四分位数范围5%～10%（50%最集中牧场的分布情况）。

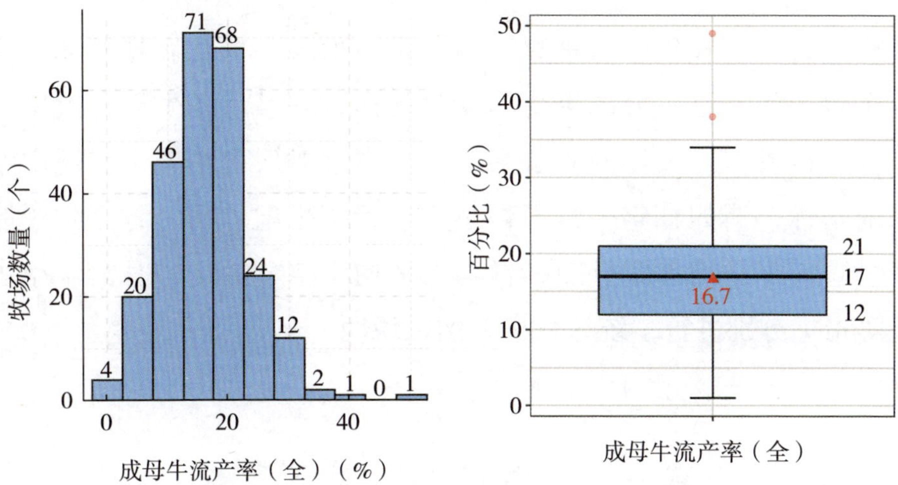

a. 直方图　　b. 箱线图

图4.16　牧场成母牛流产率（全）分布情况统计（n=249）

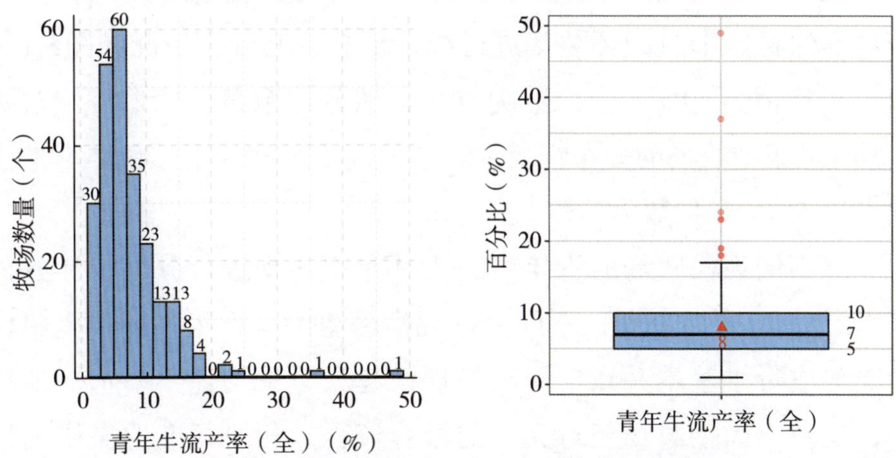

a. 直方图　　b. 箱线图

图4.17　牧场青年牛流产率（全）分布情况统计（n=245）

第五章 后备牛关键繁育性能现状

后备牛（青年牛）是牧场的未来，后备牛繁育表现好坏，决定了牧场的成母牛群能否得到及时补充，并且后备牛繁育效率的高低直接决定了牧场的后备牛成本。本章对后备牛繁殖管理中常见的指标，诸如青年牛21天怀孕率、青年牛配种率、青年牛受胎率、青年牛平均首配日龄、青年牛平均受孕日龄、17月龄未孕占比等指标分别进行了统计分析并加以说明。

第一节 青年牛21天怀孕率

排除没有后备牛及后备牛资料不全的牧场，对过去一年231个牛群的青年牛21天怀孕率进行统计汇总，其分布情况如图5.1所示。平均值为30%，中位数为30%，四分位数范围为22%～38%（50%最集中牧场的分布情况），数值高于2020年度（怀孕率平均值为27.5%，中位数为27%）。

对不同规模牧场的青年牛21天怀孕率表现进行分组统计分析（表5.1），可以发现，不同全群规模分组中，青年牛怀孕率变化情况与成母牛基本一致，即牧场规模越大，平均怀孕率水平则越高，反映出大型牧场相对完善的繁育流程、相对标准的操作规程和相对到位的一线执行能力。当然，同时也表明中小牧场在繁育提升方面有较大的空间。

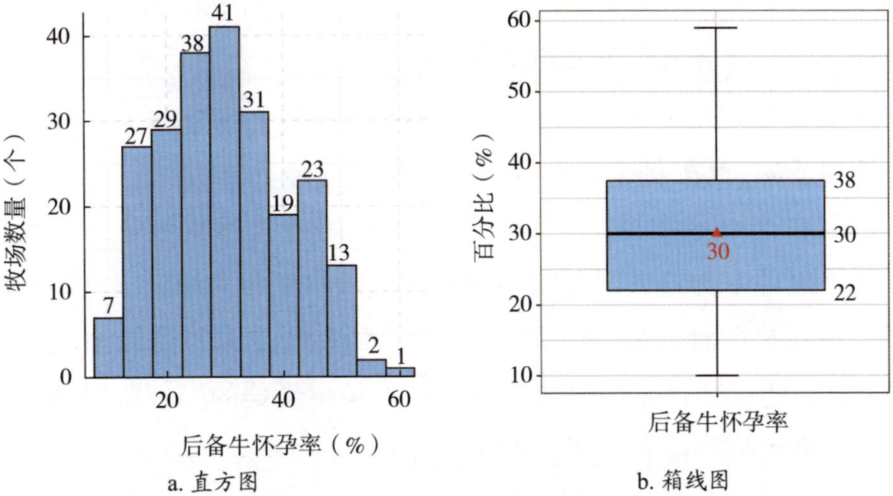

图5.1　牧场青年牛21天怀孕率分布情况统计（*n*=231）

表5.1　不同规模群体牧场青年牛21天怀孕率统计结果（*n*=231）

全群规模（头）	牧场数量（个）	牧场数量占比（%）	平均值（%）	中位数（%）	最大值（%）	最小值（%）
<1 000	61	26.4	23.72	23.00	50.00	10.00
1 000～1 999	72	31.2	29.56	31.00	54.00	10.00
2 000～4 999	57	24.7	30.33	31.00	59.00	10.00
≥5 000	41	17.7	39.68	43.00	54.00	10.00
总计	231	100.0	30.00	30.00	59.00	10.00

第二节　青年牛配种率

对248个牛群的青年牛配种率进行统计汇总，其青年牛配种率分布情况如图5.2所示。平均值为51.4%，中位数为52%，四分位数范围37%～67%（50%最集中牧场的分布情况），最大值为

89%，最小值为10%。可见，不同牛群之间青年牛配种率范围为10%～89%，牧场之间的差异巨大，表现出不同牛场在青年牛繁育管理方面存在极大差别及巨大提升空间。

配种率超过70%的共有46个牧场。这46个牧场的平均怀孕率可达44.6%，高配种率为高怀孕率提供了保障。

但在这46个牧场中，一个配种率较高的牧场其怀孕率却是比较低（配种率为76%，受胎率为44%，怀孕率为34%）。分析其原因，主要是配种方式中自然发情和尾根涂蜡方式的受胎率较低，为44%，建议结合发情检测设备，在青年牛最佳的发情阶段做好青年牛同期流程和配种，提高配种受胎率。

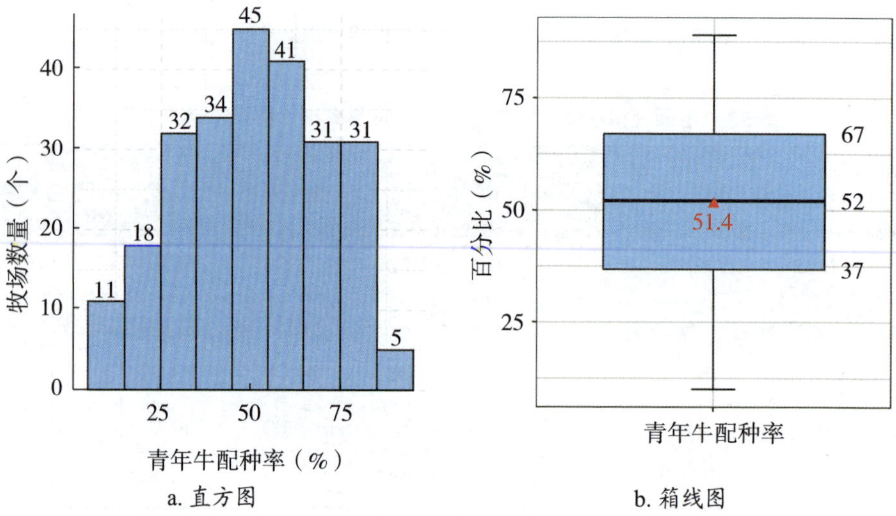

图5.2　牧场青年牛配种率分布情况（*n*=248）

对不同规模群体的青年牛配种率表现进行分组统计（表5.2），可以看到，不同规模牧场分组中，牧场规模越大，平均配种率水平越高。这一结果与怀孕率表现情况基本一致，同样反映出大型牧场相对完善的繁育流程、相对标准的操作规程和相对到位的一线执行能力。各分组配种率最大值反映出，优秀的配种率表现与群体规模并无显著关系，任何规模的群体均有取得优秀配种率表现的机会。

表5.2 不同规模群体牧场青年牛配种率统计结果（n=248）

全群规模（头）	牧场数量（个）	牧场数量占比（%）	平均值（%）	中位数（%）	最大值（%）	最小值（%）
<1 000	68	27.4	39.88	41.00	70.00	10.00
1 000～1 999	80	32.3	51.31	55.00	89.00	10.00
2 000～4 999	58	23.4	53.69	53.50	85.00	11.00
≥5 000	42	16.9	67.29	75.50	88.00	15.00
总计	248	100.0	51.44	52.00	89.00	10.00

第三节 青年牛受胎率

对246个牧场的青年牛受胎率进行统计，分布情况如图5.3所示。所有牧场中，青年牛受胎率平均值为53.8%，中位数为55%，四分位数范围49%～59%（50%最集中牧场的分布情况），最高为78%，最低为16%。从图5.3中可以看出，青年牛受胎率表现的分布情况基本近似正态分布，以5%距离作为横坐标进行统计，可见最多的牧场受胎率分布于50%～60%，青年牛相对较高的受胎率为青年牛取得高怀孕率提供了可能（青年牛怀孕率最高的牧场可达59%）。通过数据分析可见，当一个牧场同时拥有超过55%的受胎率及超过60%的配种率时，保证青年牛群超过30%的怀孕率就成为了可能。

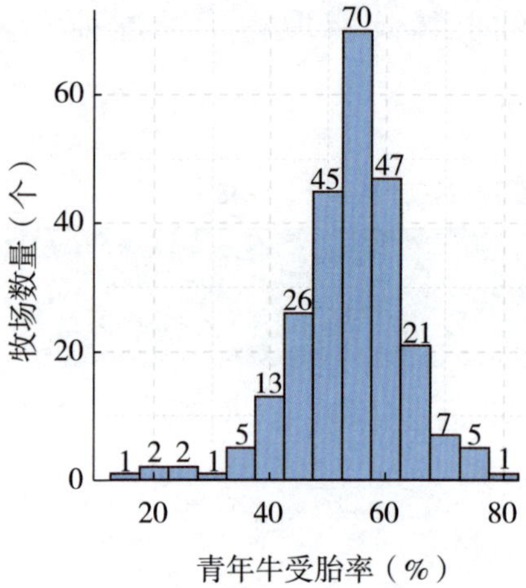

a. 直方图

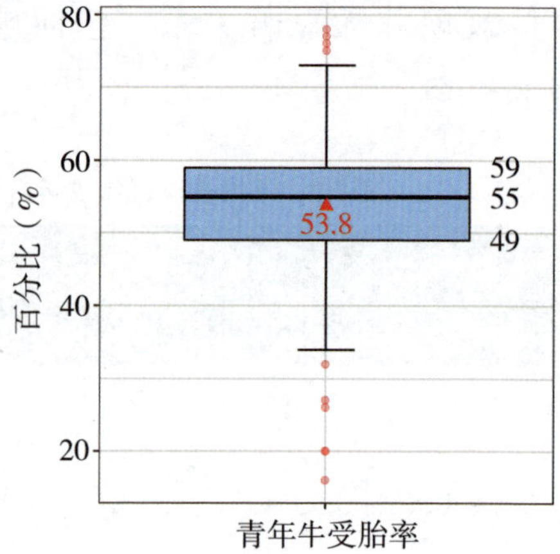

b. 箱线图

图5.3　青年牛受胎率分布情况（*n*=246）

对不同规模群体的青年牛受胎率表现进行分组统计（表5.3），可以发现不同规模群体分组的平均受胎率并无显著差异，表明影响青年牛怀孕率高低的最主要因素为配种率的差异。同时通过数据可以反映出，规模越大的牧场，组内的差异相对越小（标准差最小），反映出大型牧场相对规范的繁育操作流程和科学管理效果。

表5.3　不同规模群体的受胎率表现（*n*=246）

全群规模（头）	牧场数量（个）	牧场数量占比（%）	平均值（%）	中位数（%）	最大值（%）	最小值（%）	标准差（%）
<1 000	64	26.0	51.48	53.00	75.00	16.00	11.90
1 000~1 999	78	31.7	54.38	54.50	78.00	34.00	8.11
2 000~4 999	61	24.8	54.21	55.00	77.00	27.00	9.05
≥5 000	43	17.5	55.42	56.00	68.00	20.00	6.96
总计	246	100.0	53.77	55.00	78.00	16.00	9.41

第四节 青年牛平均首配日龄

青年牛平均首配日龄可反映出牧场后备牛饲养情况及首次配种的策略，计算方法为截至当日青年牛中所有有配种记录的平均首配日龄。对229个牧场的平均首配日龄进行统计（图5.4），结果可见所有牧场的平均首配日龄平均值为425天，中位数为419天，换算为月龄约为13.9月龄，四分位数范围407～436天（为13.5～14.5月龄）。

对其中228个牛群青年牛主动停配期统计发现，青年牛主动停配期参数设置最大值440天，最小值360天，平均值为412天，中位数值为420天，青年牛主动停配期平均值低于首配日龄均值，两指标之间差值平均值为14天，也就是说，实际生产中青年牛首配日龄较主动停配期长14天。因此，建议牧场根据青年牛的实际生长发育表现，及时调整青年牛主动停配期设置，以保证青年牛在主动停配期前后及时配种。

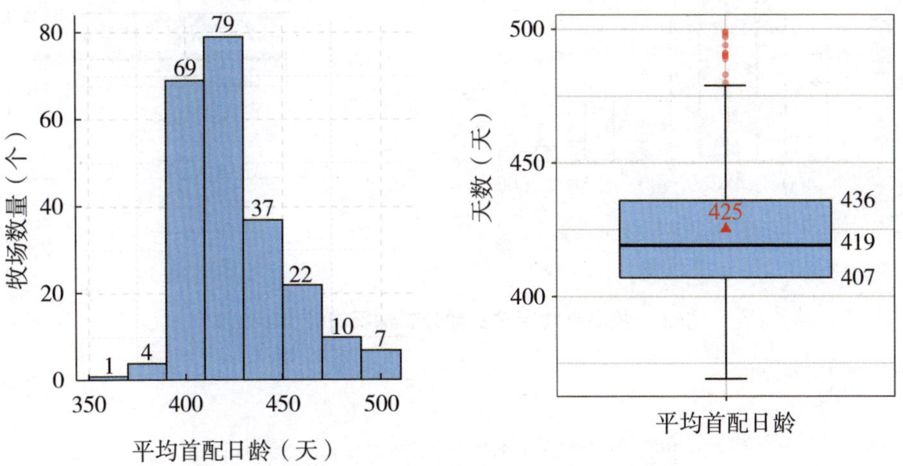

a. 直方图　　b. 箱线图

图5.4　牧场平均首配日龄分布情况统计（*n*=229）

第五节　青年牛平均受孕日龄

青年牛平均受孕日龄可用来反映牧场已孕后备牛群的繁殖效率以及对于首次产犊时日龄的影响，计算方法为所有在群怀孕后备牛怀孕时日龄的平均值。对232个牧场的平均受孕日龄进行统计（图5.5），结果可见所有牧场的平均受孕日龄平均值为462天（15.3月龄），中位数为452天（15.0月龄），四分位数范围436～479天（为14.5～15.9月龄）。

青年牛平均受孕日龄与平均首配日龄呈正相关，若以平均412日龄首配计算，平均受孕日龄距平均首配日龄约50天。鉴于青年牛较高的受胎率，青年牛的平均受孕日龄仍然有较大空间。

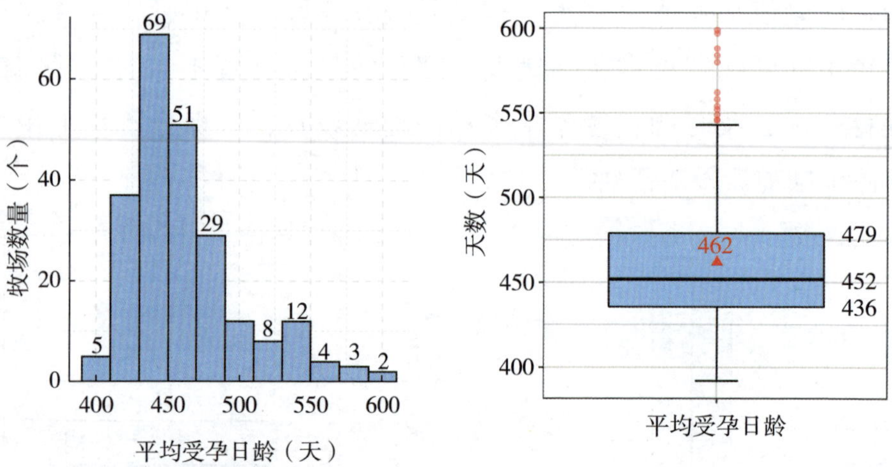

a. 直方图　　b. 箱线图

图5.5　牧场平均受孕日龄分布情况统计（n=232）

第六节　17月龄未孕占比

通过对平均受孕日龄的统计可以看出，分布最密集的50%牧场平均受孕日龄在436～479天（为14.5～15.9月龄），所以我们可以依据这部分样本推算：一个盈利能力处于平均水平的牧场，其在17月龄时，大多数青年牛牛群应当都处于怀孕状态，超过17月龄未怀孕的比例即可认为是繁育问题牛群比例或繁殖方案不理想的评估标准，17月龄未孕比例的计算方法如下。

$$17月龄未孕比例（\%）=\frac{\geqslant 17月龄未孕牛只总数}{\geqslant 17月龄牛只总数}\times 100$$

注：此处月龄计算时我们取值取了牛只自然月龄。

对截至当前235个牧场的17月龄未孕占比进行统计（图5.6），结果显示17月龄未孕占比平均值为14.8%，中位数为10%，四分位数范围6%～20%（50%最集中牧场的分布情况）。

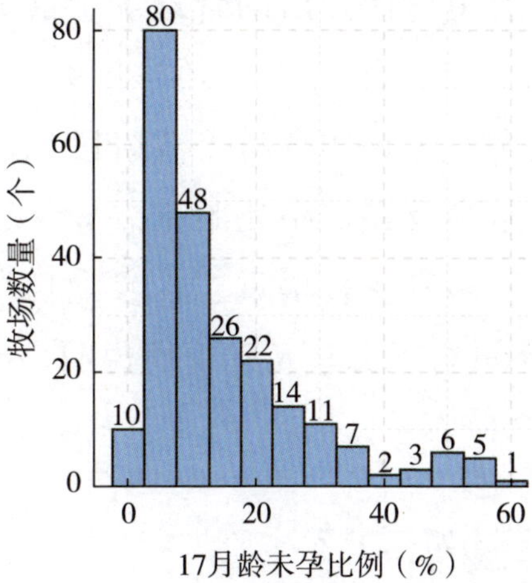

a. 直方图

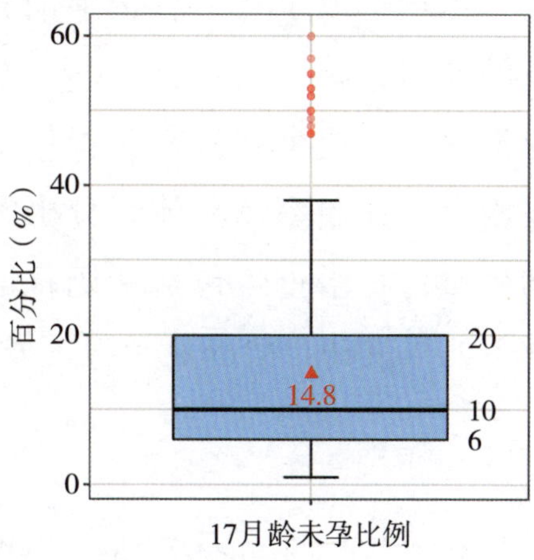

b. 箱线图

图5.6　17月龄未孕占比分布情况（*n*=235）

第六章 后备牛关键生产性能现状

后备牛的健康与生长发育对未来牧场的发展起到至关重要的作用。不论成母牛当前生产与繁育水平有多高，随着时间的延长，成母牛终将淘汰或死亡，优秀的后备牛将继承成母牛优良的基因，在牧场标准化的管理、饲养与健康护理下，继续发挥着高水平的繁殖与产奶性能。因此牧场对后备牛的关注务必日益增加。

本章选取了几个后备牛饲养管理（包括产房的管理）中最关键的参考指标进行统计分析，包括60日龄死淘率、60～179日龄死淘率、育成牛死淘率和青年牛死淘率（具体分析了各阶段死淘原因）、死胎率（具体区分出了头胎牛及经产牛死胎率差异）、初生重与日增重（包括断奶日增重、转育成日增重、转参配日增重），并就60日龄肺炎及腹泻发病率进行了分享及建议性说明。

第一节 60日龄死淘率

后备牛的损失，主要发生在哺乳犊牛阶段。牛只从出生到断奶阶段，处于正在建立自身免疫系统、完善消化系统以及适应外界自然环境的重要阶段。通常牛只顺利断奶后直到配种前，几乎不会发生死亡淘汰情况，所以哺乳犊牛饲养阶段就起着异常关键的作用。因为牛只出生后通常在55～70日龄进行断奶，所以我们以60日龄进行划分，假设60日龄以内牛只均处于哺乳犊牛阶段，并且重点针对60日龄犊牛的死淘情况进行追踪分析（图6.1，后备牛死淘占比中，60日龄以内占比高达57.5%）。

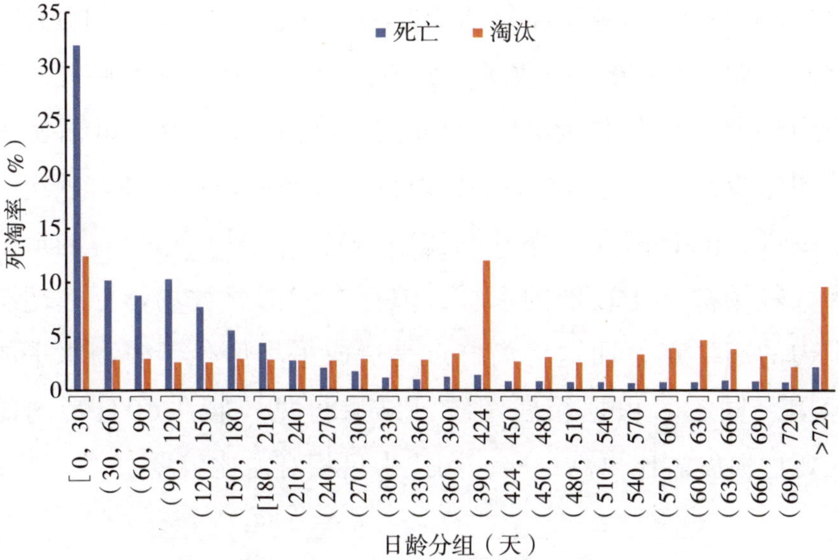

图6.1　不同日龄分组下后备牛死淘率占比（*n*=52 910）

对于犊牛死淘率的计算方法，通常包括基于月度饲养头数、基于月度出生头数或月度死亡头数3种计算方法。所以在评估该指标时，明确计算方法非常重要，可以保证不同使用者沟通时处于同一维度。

一牧云根据数据可追溯及可挖掘的原则，60日龄死淘率计算方法基于犊牛出生日期，即当月出生的犊牛，在其超过60日龄前死淘的比例（因基于出生日期进行追踪，所以在统计该指标时，会有2个月的滞后性）。

具体的计算公式如下。

$$60日龄死淘率（\%）=\frac{过去一年留养母犊60日龄内死淘数}{过去一年产犊留养母犊总数}\times 100$$

对240个牧场过去一年的60日龄死淘率进行统计分析（图6.2），可见60日龄死淘率均值为7.4%，中位数为6%，四分位数范围3%～9%（50%最集中牧场的分布情况）；其中60日龄死亡率平均值为5.4%，中位数为4%，四分位数范围2%～8%；60日龄淘汰率平均值为2%，中位数为1%，四分位数范围0%～2%。从统计结果中发现，60日龄死亡率及淘汰率均处于一种偏态分布的形式，即多数牧场都处于较低的水平，但存在一部分牧场指标远超统计范围内的离群点，而这些离群点是造成平均值处于较高水平的主要原因。同时，根据箱线图统计结果可见，犊牛60日龄内的损失，死亡损失占比更高一些，淘汰牛只相对占比较低。

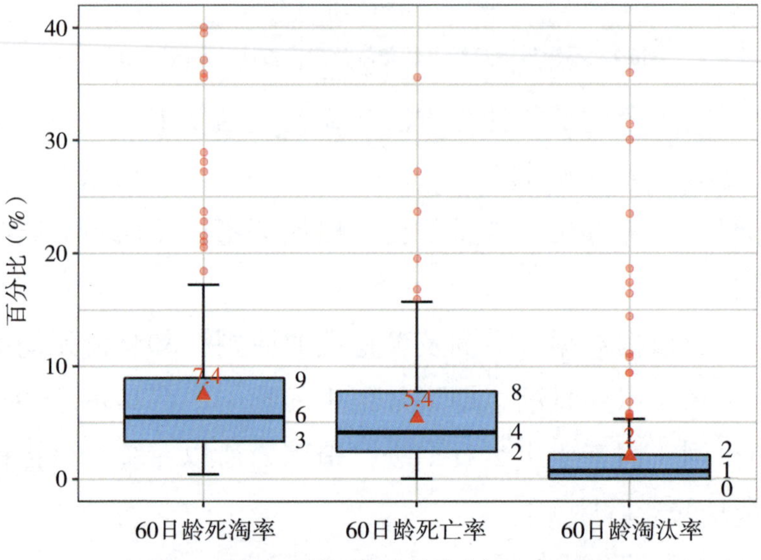

图6.2　牧场60日龄死淘率统计分析（*n*=240）

哺乳犊牛死亡、淘汰主要阶段分布情况如图6.3所示，可见

13 507头死淘牛只中有62.9%的牛只为死亡，37.1%的牛只为淘汰，其中47.7%的哺乳犊牛在30日龄以内死亡（6 436头），30.2%的哺乳犊牛在30日龄以内淘汰（4 085头）。

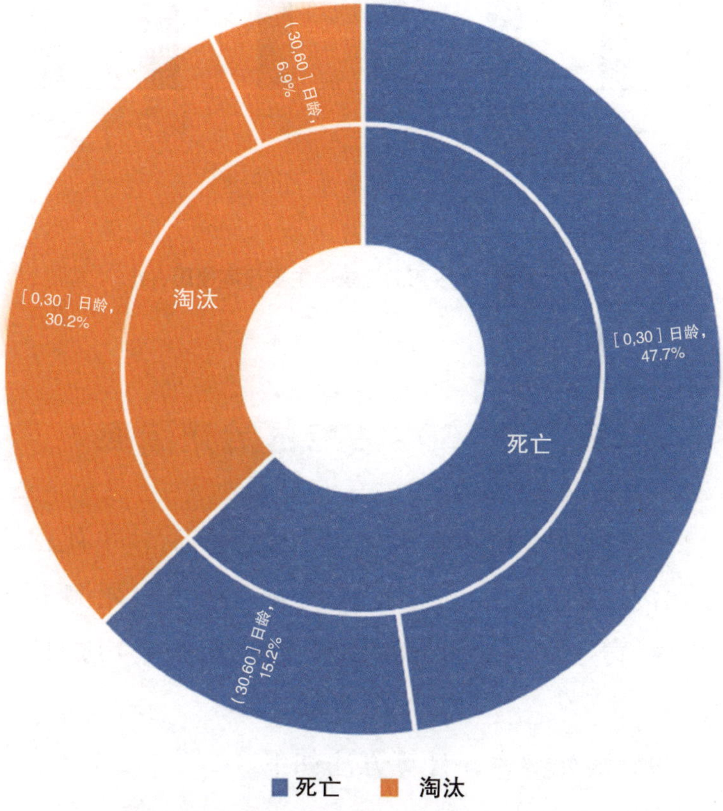

图6.3　哺乳犊牛不同死淘类型下主要阶段分布占比（*n*=13 507）

对13 507条哺乳犊牛死淘记录按死淘原因进行统计（图6.4），可见占比最高的5种死淘原因分别为肠炎（11.48%）、犊牛观察期内离场（10.96%）、肺炎（10.41%）、优秀奶牛出售（9.92%）及传染病（9.74%）。其中“其他”原因占比高达23.95%，并未写明具体的死淘原因，因此建议在录入死淘信息时，应尽可能明确到具体的原因，以便为后续的改善提供更加明确的指导。

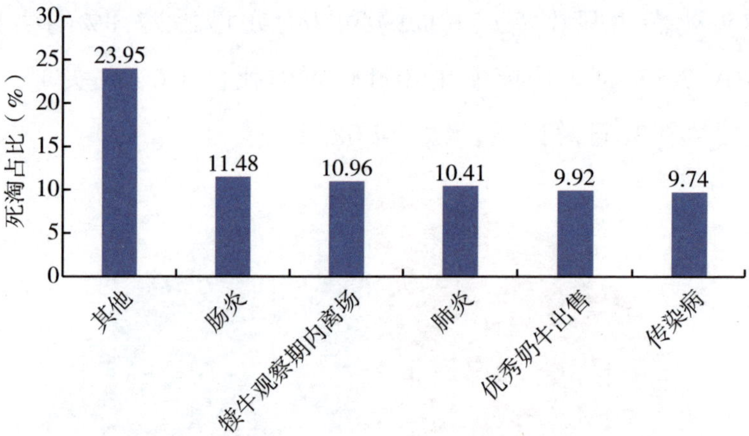

图6.4　哺乳犊牛死淘记录中主要死淘原因占比

第二节　60～179日龄死淘率

60～179日龄死淘率可以直接反映出断奶后犊牛死亡、淘汰情况，结合死淘原因分析，可以挖掘出断奶后牛只死淘主要是由于哪些原因或疾病导致。从而为牧场提供断奶后60～179日龄的管理关注重点。

60～179日龄死淘率，计算方法如下。

$$60\sim179\text{日龄死淘率（\%）}=\frac{\dfrac{\text{过去一年死淘时日龄}}{\text{在}60\sim179\text{日龄牛头数}}}{\dfrac{\text{过去一年}60\sim179\text{日龄（断奶犊牛）}}{\text{平均饲养头日}}}\times100$$

对228个牧场过去一年的60～179日龄死淘率进行统计分析（图6.5），可见60～179日龄死淘率均值为17.7%，中位数为14%，四分位数范围9%～24%（50%最集中牧场的分布情况）；

其中60～179日龄死亡率均值为13.1%，中位数为10%，四分位数范围6%～17%；60～179日龄淘汰率均值为4.6%，中位数为3%，四分位数范围0%～6%。

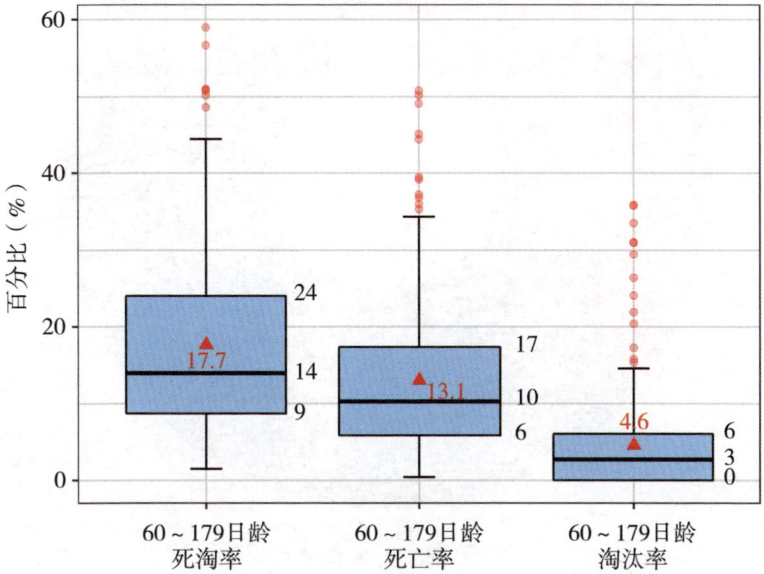

图6.5　牧场60～179日龄死淘率统计分析（n=228）

断奶犊牛死亡、淘汰牛只主要死淘阶段分布情况如图6.6所示，10 066头死淘牛只中有64.6%的牛只为死亡，35.4%的牛只为淘汰，其中38.1%的断奶犊牛在60～120日龄以内死亡（3 833头），17.8%的断奶犊牛在120～179日龄以内淘汰（1 793头）。

对10 066条断奶犊牛死淘记录按死淘原因的统计分析结果见图6.7，可以看出占比最高的5种死淘原因为肺炎（34.0%）、瘤胃臌气（10.5%）、肠炎（6.4%）、优秀奶牛出售（5.2%）与体格发育不良（4.7%）。其中“其他”原因占比高达14.6%，主要原因是没有具体明确，因此建议在今后应尽量确定牛只死淘的具体原因，并完整录入。

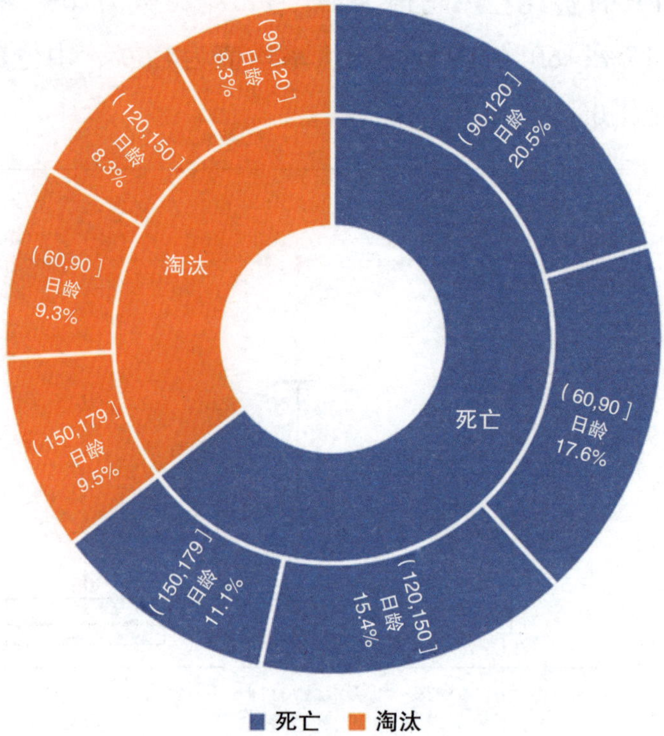

图6.6　断奶犊牛不同死淘类型下主要阶段分布占比（*n*=10 066）

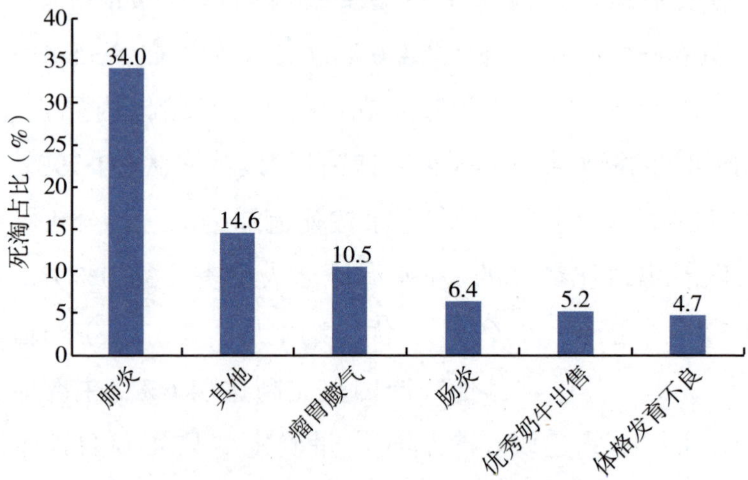

图6.7　断奶犊牛死淘记录中主要死淘原因占比

第三节　育成牛死淘率

一般情况下，渡过哺乳期和断奶期的犊牛，成为育成牛后，死淘率都相对较低，如果出现较高死淘率，就需要核实育成牛管理中哪里出现了问题，从而避免育成期死淘发生，降低前期生产成本。

180～424日龄死淘率，计算方法如下。

$$180\sim424日龄死淘率（\%）=\frac{过去一年死淘时日龄在180\sim424日龄牛头数}{过去一年180\sim424日龄（育成牛）平均饲养头日}\times100$$

对229个牧场过去一年育成牛的死淘率进行统计分析（图6.8），可见育成牛死淘率的平均值为9.5%，中位数为6%，四分位数范围3%～11%（50%最集中牧场的分布情况）。

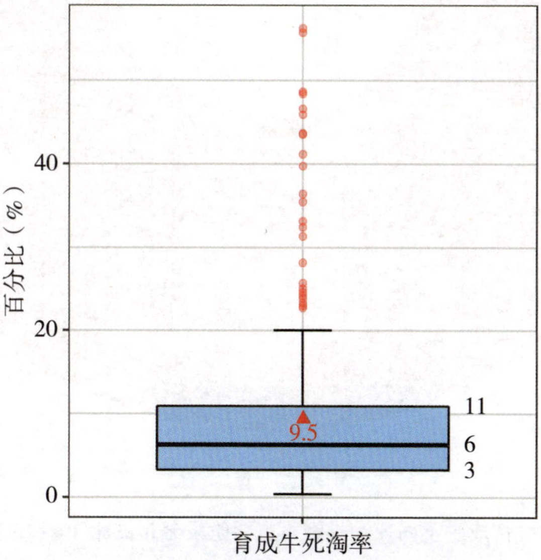

图6.8　牧场育成牛的死淘率统计（*n*=229）

育成牛死亡、淘汰牛只主要死淘阶段分布情况如图6.9所示，13 714头死淘牛只中有76.95%的牛只为淘汰，23.05%的牛只为死亡，其中28.69%的育成牛在390～424日龄淘汰（3 934头），主要原因是某一牧场育成牛因脑膜炎淘汰牛只过多，导致该日龄范围淘汰牛只占比较大，13.47%的育成牛在180～270日龄死亡（1 847头）。

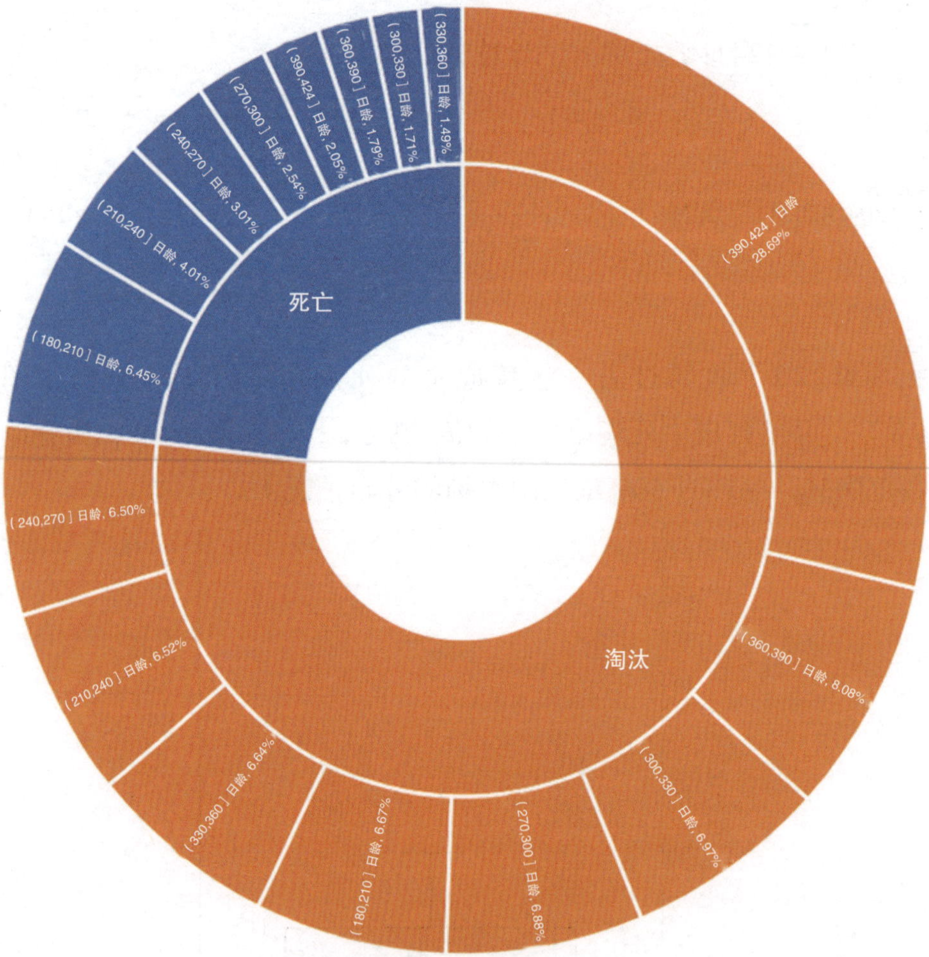

图6.9 育成牛不同死淘类型下主要阶段分布占比（n=13 714）

对13 714条育成牛死淘记录按死淘原因进行统计（图6.10），可以看出占比最高的5种死淘原因为脑膜炎（21.8%）、肺炎（14.0%）、优秀奶牛出售（13.5%）、体格发育不良（5.9%）、关节疾病（3.8%），其中“其他”原因占比高达20.6%，主要原因是没有具体死淘原因，因此建议尽量确定牛只疾病原因，录入完整死淘信息，尽可能减少模糊性描述。

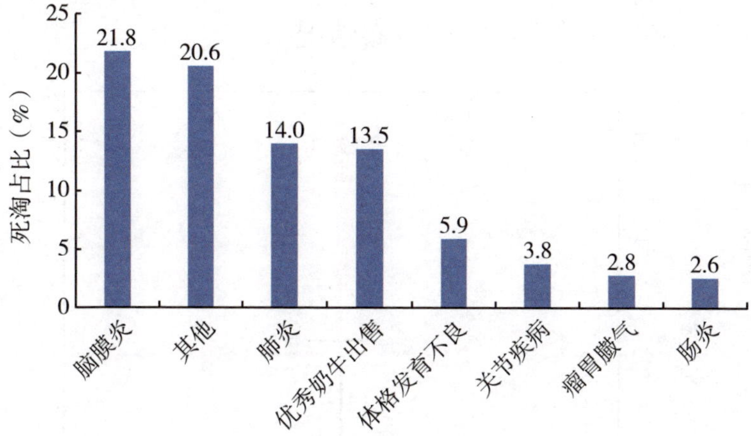

图6.10　育成牛死淘记录中主要死淘原因占比

第四节　青年牛死淘率

青年牛，即将配种，或已经配种怀孕，或空怀，无论处于什么状态，青年牛多数将是未来一年或半年为牧场开始创造价值的头胎泌乳牛，担负着给予牧场更换新鲜血液的职责。该阶段牛只的死淘率应较低，繁殖率较高（如配种率、受胎率），为冲刺第一次产犊做好充足的准备。

424日龄以上青年牛死淘率，计算方法如下。

$$424\text{日龄以上青年牛死淘率（\%）}=\frac{\text{过去一年死淘时日龄在424日龄以上的牛头数}}{\text{过去一年424日龄以上（青年牛）平均饲养头日}}\times 100$$

对243个牧场过去一年育成牛死淘率进行统计分析（图6.11），可见育成牛死淘率均值为12.8%，中位数为10%，四分位数范围6%～16%（50%最集中牧场的分布情况）。

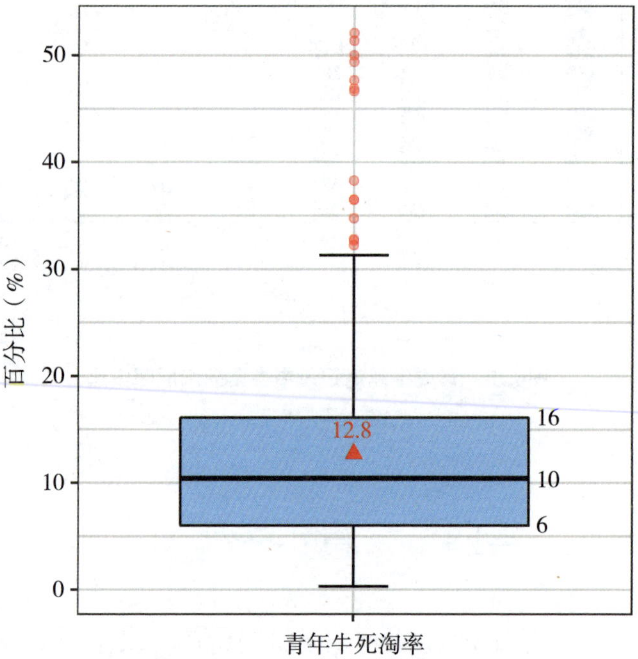

图6.11　牧场青年牛的死淘率分析（*n*=243）

青年牛死亡、淘汰牛只主要死淘阶段分布情况如图6.12所示，15 623头死淘牛只中有87.4%的牛只为淘汰，12.6%的牛只为死亡，其中20.2%的青年牛在720日龄以上淘汰（3 150头），其余阶段淘汰率也占比较高为4.5%～9.8%，2.8%的青年牛在720日龄以上死亡（437头）。

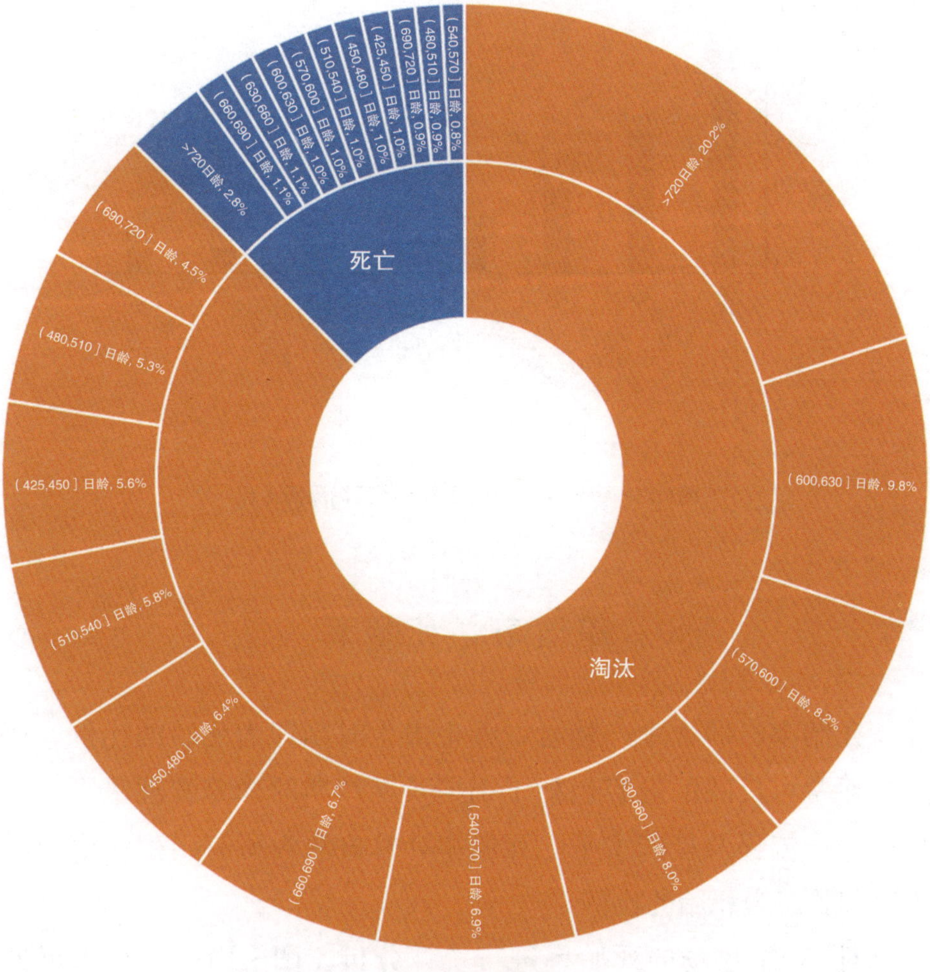

图6.12　青年牛不同死淘类型下主要阶段分布占比（*n*=15 623）

对15 623条青年牛的死淘记录按死淘原因进行统计（图6.13），可以看出占比最高的5种死淘原因为不孕症（16.4%）、优秀奶牛出售（10.5%）、体格发育不良（4.2%）、低产（4.2%）和肺炎（3.9%）。其中“其他”原因占比高达27.0%，主要原因是没有具体死淘原因，因此建议尽量确定牛只疾病原因，录入完整死淘信息，尽可能减少模糊性描述。

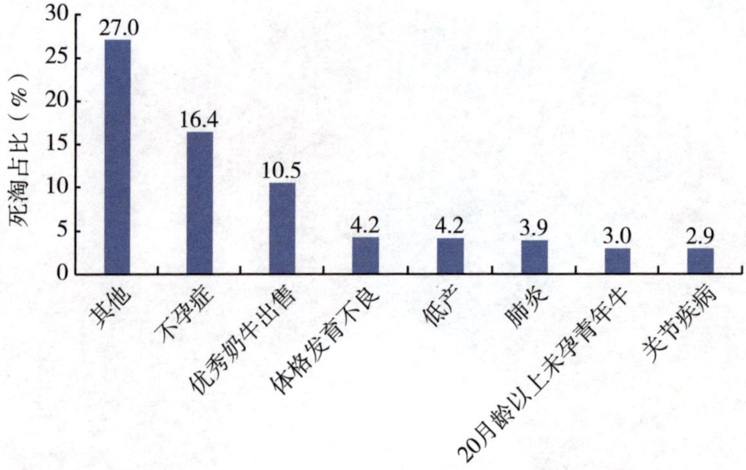

图6.13　青年牛死淘记录中主要死淘原因占比

第五节　死胎率

死胎率，即大牛产犊时，犊牛出生时刻即为死胎的比例。死胎率通常可反映的内容包括干奶期及围产期的饲养管理水平，产房的接产流程及接产水平。死胎率计算方法为所有出生犊牛中出生时刻状态为死胎的比例。

对239个牧场的死胎率进行统计分析（图6.14），结果可见死胎率平均值为11.4%，中位数为10%，四分位数范围7%～15%（50%最集中牧场的分布情况）；头胎牛死胎率平均值为13.8%，中位数为11%，四分位数范围7%～19%（50%最集中牧场的分布情况）；经产牛的死胎率平均值为10.4%，中位数为9%，四分位数范围6%～13%（50%最集中牧场的分布情况）。统计结果表明，头胎牛死胎率相较经产牛死胎率平均值高约3.4%（13.8%比10.4%），提示实际饲养过程中，青年牛首次产犊前，要在饲养管理方面更加关注，要有更长的围产期停留时间，以及在接产时给予高度关注等。

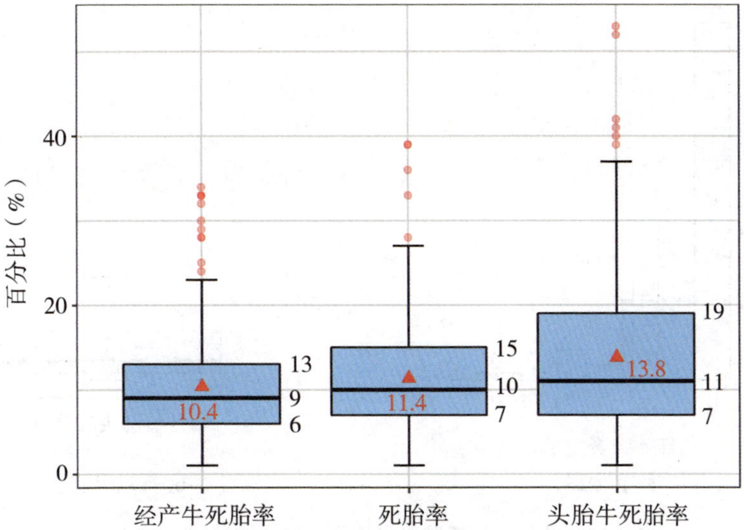

图6.14　牧场死胎率的分布情况统计（*n*=239）

第六节　肺炎发病率

犊牛早期的疾病不仅影响小牛的福利、健康和生长，且额外的管理、治疗、生长速度减慢和死亡都会造成牧场盈利能力的降低。研究表明，有肺炎特征的犊牛，其犊牛期的存活率以及未来的繁殖性能和生产性能都会受到长期的负面影响。

60日龄肺炎发病率，计算方法如下。

$$60日龄肺炎发病率（\%）=\frac{过去一年留养母犊60日龄内登记肺炎发病数}{过去一年产犊留养母犊总数}\times 100$$

对174个有肺炎登记的样本牧场进行统计（该结果仅供参考，实际生产中肺炎发病率可能更高）。统计结果表明，肺炎发病率平均值为5%，中位数为2%，最大值为41.1%，最低值为0.1%（图6.15）。

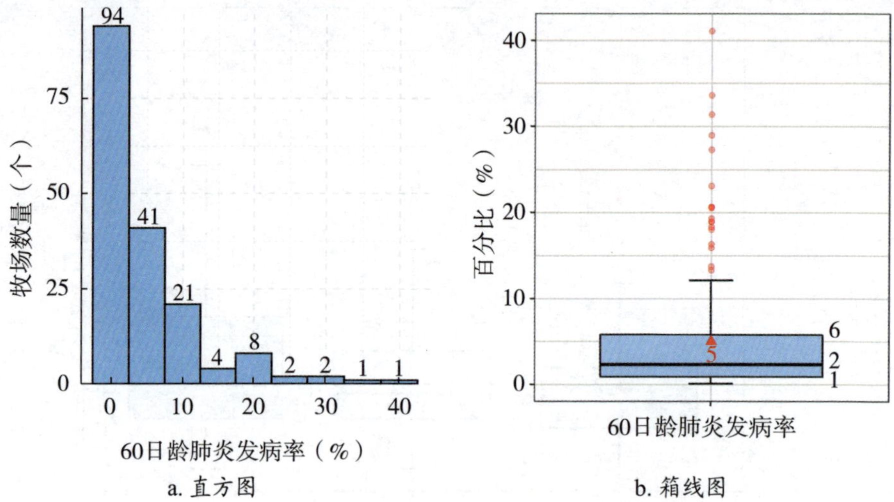

图6.15　牧场60日龄肺炎发病风险情况统计（n=174）

第七节　腹泻发病率

犊牛腹泻是奶牛场面临的最主要健康问题之一，也是导致犊牛死亡的重要原因之一。犊牛腹泻不是单一疾病，而是多种病因引发的临床症候群。犊牛腹泻主要发生在产后第一个月内，所以，关注犊牛腹泻发病率具有重要的意义。

60日龄犊牛腹泻发病率，计算方法如下。

$$60\text{日龄腹泻发病率（\%）}=\frac{\text{过去一年留养母犊60日龄内腹泻发病数}}{\text{过去一年产犊留养母犊总数}}\times 100$$

对有腹泻登记的160个牧场进行统计，其腹泻发病率统计情况如图6.16所示，可见腹泻发病率平均值为19.6%，中位数为14%，最大值为59.1%，最小值为0.1%。

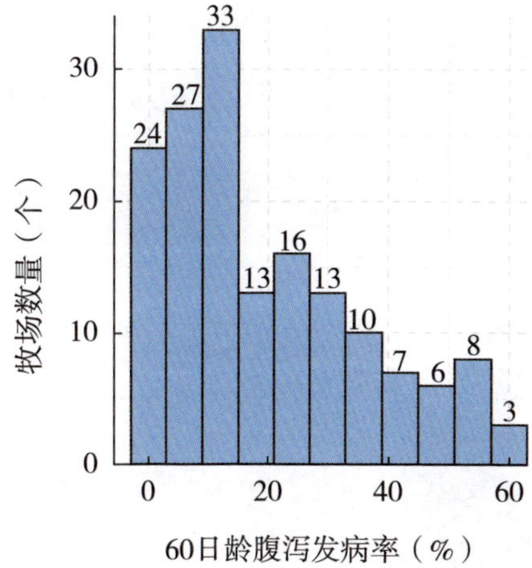

a. 直方图

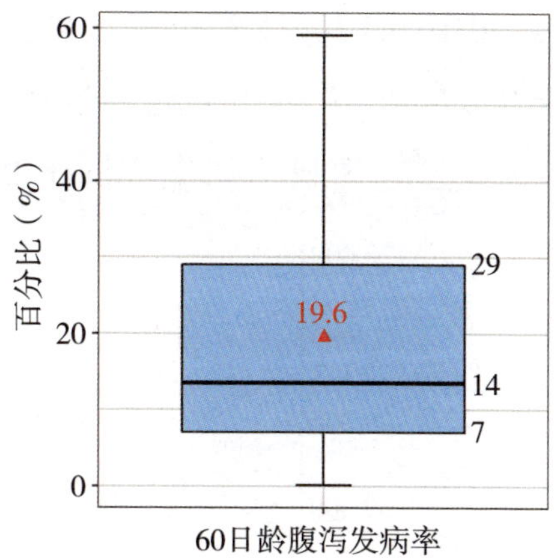

b. 箱线图

图6.16　牧场60日龄腹泻发病风险统计（n=160）

第八节　初生重与日增重

初生重是犊牛出生时的初始体重。测量初生重，一是可以了解出生犊牛体重是否过轻或超重，二是关系到今后各阶段日增重的计算。

对有犊牛初生重登记的249个牧场筛选初生重为5 ~ 70千克范围内的进行统计，由表6.1可以看出犊牛初生重平均值为38.4千克，标准差6.9千克。公犊初生体重40.4千克，高出母犊初生重约3.3千克。公犊初生重的标准差也大于母犊（7.5千克比6.1千克）。

表6.1　不同性别犊牛初生重描述性统计

性别	平均值（千克）	标准差（千克）	头数（头）	最大值（千克）	最小值（千克）
母犊	37.1	6.1	188 091	70	5
公犊	40.4	7.5	129 511	70	5
总计	38.4	6.9	317 602	70	5

由图6.17可以看出，犊牛初生重基本呈正态分布，多数犊牛初生重范围在30～45千克。过重牛只（初生重超过50千克）占比较少，但过轻牛只（初生重低于25千克）占比较多。

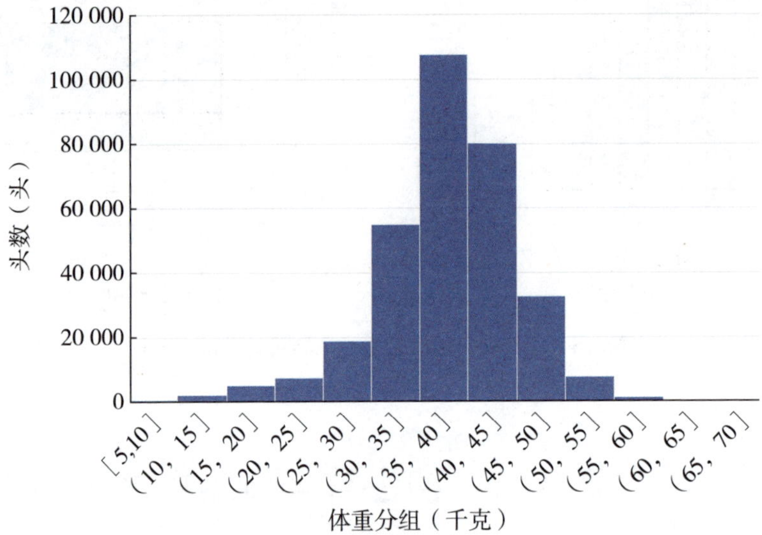

图6.17　犊牛初生重分布直方图

由图6.18可以看出，不同出生月份犊牛初生重存在差异，2021年1—4月和9—12月出生的犊牛初生重相对较高（公犊初生重大于等于40千克，母犊初生重大于等于37千克），但5—8月出生的犊牛初生重相对较低，公犊的最高、最低初生重月份间差异达2.6千克，母犊为2.1千克。可能的原因是怀孕母牛在妊娠后期（胎儿发育最快的时期）经历热应激期6—8月，受热应激影响，采食量减少，导致妊娠期营养不足，犊牛发育较差，尤其8月出生的犊牛，呈现公犊、母犊初生重均最低的现象，原因是怀孕母牛妊娠后期经历了热应激较为严重的时期。

日增重是后备牛管理中最主要的关键点之一。从出生到断奶阶段、断奶到育成阶段、育成到青年（参配）阶段，牛只生长发育至关重要，只有后备牛群体处于良好的生长发育状态，疾病发病率就会降低，也为今后泌乳牛群打下基础。这里需要注意日增重=（某一阶段体重-初生重）÷日龄，不是每个称重阶段内日增重。

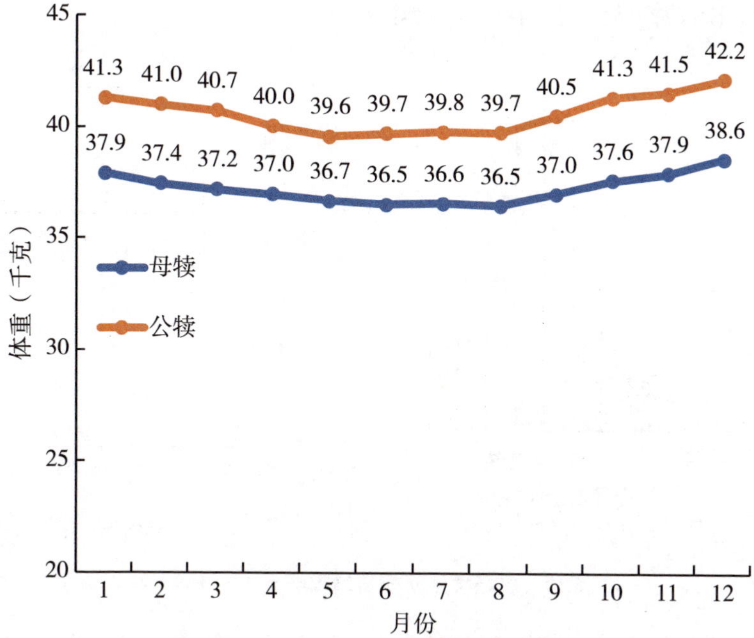

图6.18　不同出生月份和性别犊牛初生重对比

断奶日增重计算方法如下。

$$断奶日增重=\frac{称重时日龄在[50\sim90]天重量-初生重}{称重日期-出生日期}$$

转育成日增重计算方法如下。

$$转育成日增重=\frac{称重时日龄在[150\sim210]天重量-初生重}{称重日期-出生日期}$$

转参配日增重计算方法如下。

$$转参配日增重=\frac{称重时日龄在[360\sim420]天重量-初生重}{称重日期-出生日期}$$

对有断奶称重登记的158个牧场进行统计，统计情况如图6.19所示，可见断奶日增重平均值为834克/天，中位数为842克/天，最大值为1 067克/天，最小值为454克/天。

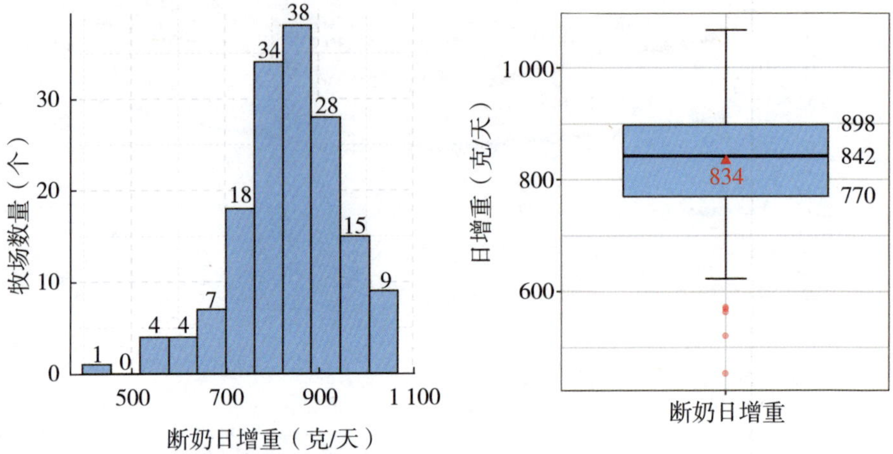

a. 直方图　　b. 箱线图

图6.19　牧场犊牛断奶日增重统计（*n*=158）

对有转育成称重登记的88个牧场进行统计，统计情况如图6.20所示，可以看出出生至转育成日增重平均值为930克/天，中位数为961克/天，最大值为1 174克/天，最小值为437克/天。

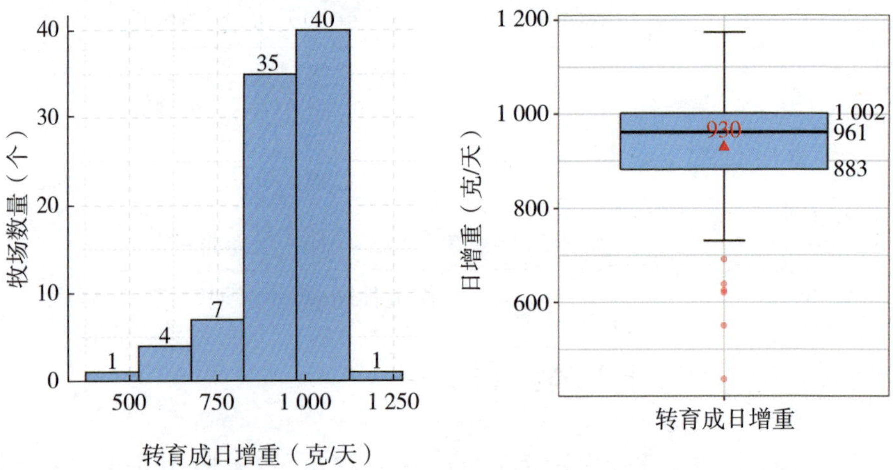

a. 直方图　　b. 箱线图

图6.20　牧场转育成日增重统计（*n*=88）

对有转参配称重登记的75个牧场进行统计，统计情况如图6.21所示，可以看出出生至转参配日增重平均值为908克/天，中位数为917克/天，最大值为1 084克/天，最小值为640克/天。

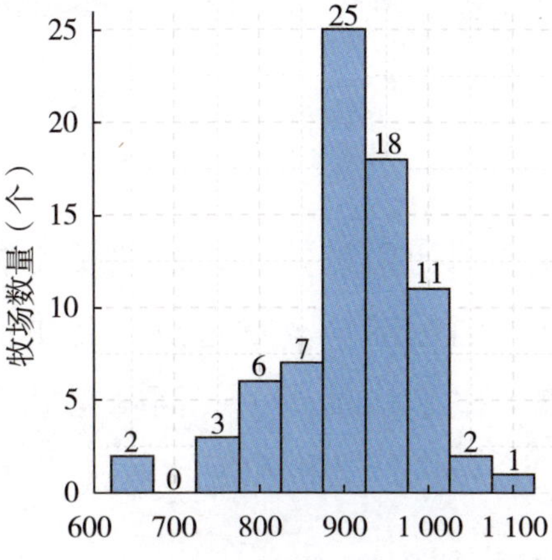

a. 直方图

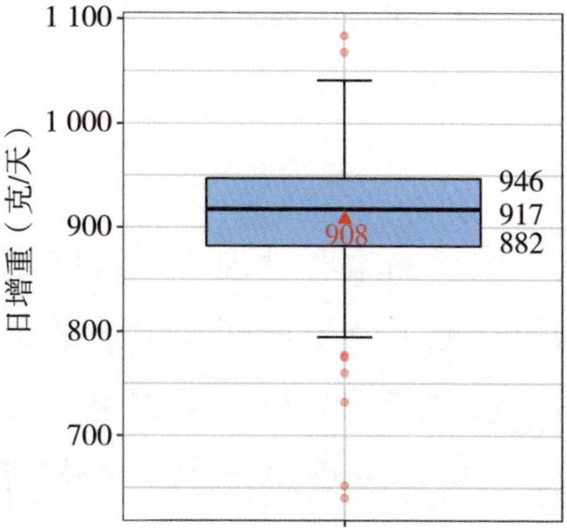

b. 箱线图

图6.21 牧场转参配日增重统计（*n*=75）

第七章 产奶关键生产性能现状

牧场的生产管理水平最终由牧场的产奶量体现，产奶量是牧场盈利能力及生产管理水平的最终评估标准。本章重点对各牛群的平均单产（成母牛平均单产、泌乳牛平均单产）、高峰泌乳天数、高峰产量及305天成年当量等的分布进行分析和展示。

第一节 平均单产

在奶牛场生产数据的统计过程中，产奶量的数据来源众多，主要包括手动测产（DHI测产）、自动化挤奶软件自动测产，以及每天奶罐记录到的总奶量，这些方式均可以用来计算牧场牛群单产。本研究主要分析了人工计量的产奶量（DHI测试时手抄或者导出奶量），对于平均单产的计算方式，在此也进行说明。

成母牛平均单产：所有泌乳牛的日产奶量总和除以全群成母牛头数（注意包含干奶牛），这样计算的目的在于将牧场的整个成母牛群作为一个整体进行评估，因为干奶牛虽然不产奶，但其处于成母牛泌乳曲线循环内的固定环节，属于正常运营牧场成本的一部分，且其采食量基本等于成母牛的平均维持营养需要，计算成母牛平均单产的意义是全面评估牧场盈利能力。

泌乳牛平均单产：所有泌乳牛的日产奶量总和除以全群泌乳

牛头数，计算得到的为泌乳牛平均单产，泌乳牛平均单产主要反映牛群在对应的泌乳天数是否发挥了应有产奶潜能，同时也是反映牧场管理水平的重要指标（表7.1）。从已有样本中，研究共筛选获得158个牧场有测产数据的导入与持续更新，对其产奶量数据进行分析，其分布情况如图7.1所示。结果可见成母牛平均单产的平均值为27.2千克，最高值为34.7千克；泌乳牛平均单产的平均值为31.3千克，最高值为40.3千克。成母牛单产与泌乳牛单产的差异平均为4.0千克，差异最大的牧场为9.3千克，差异最小的牧场为0千克。所以在统计平均单产时明确计算方法有重要意义。

表7.1　牧场区域分布及平均单产表现（*n*=158）

区域	牧场数量（个）	成母牛平均单产（千克）	泌乳牛平均单产（千克）
宁夏回族自治区	67	27.9	31.6
黑龙江省	19	28.0	33.2
新疆维吾尔自治区	15	25.3	30.1
甘肃省	11	28.2	32.3
广东省	11	23.6	26.9
河北省	6	29.1	33.4
内蒙古自治区	6	25.8	30.3
陕西省	4	28.1	32.2
北京市	3	23.2	27.4
山东省	3	29.2	33.0
云南省	3	29.8	33.2
安徽省	2	30.4	34.9
广西壮族自治区	2	29.4	33.1

（续表）

区域	牧场数量（个）	成母牛平均单产（千克）	泌乳牛平均单产（千克）
湖南省	2	22.2	24.9
贵州省	1	20.4	22.7
江苏省	1	24.3	29.2
山西省	1	27.2	30.0
浙江省	1	28.2	32.1
合计	158	27.2	31.3

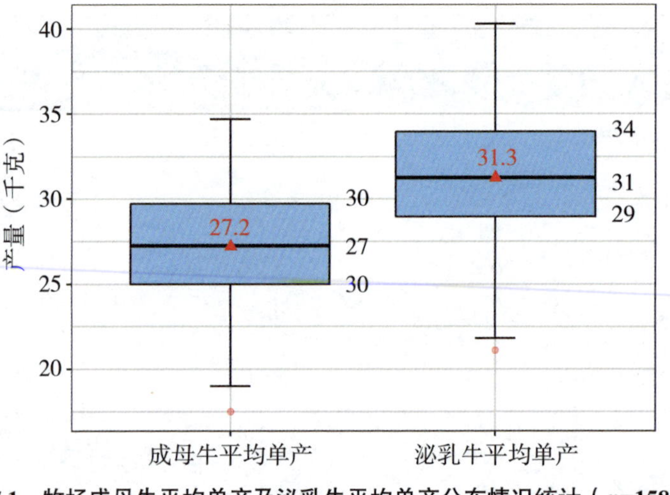

图7.1　牧场成母牛平均单产及泌乳牛平均单产分布情况统计（*n*=158）

对不同胎次泌乳牛单产的分析结果见图7.2，可以看出头胎牛平均单产的平均值为29.1千克，最高值为37.8千克；经产牛平均单产的平均值为33.1千克，最高值为44.8千克。以平均值进行比较，经产牛平均单产比头胎牛平均单产高4千克。以最高值进行比较，经产牛平均单产最高的牧场比头胎牛平均单产最高的牧场单产高7千克。

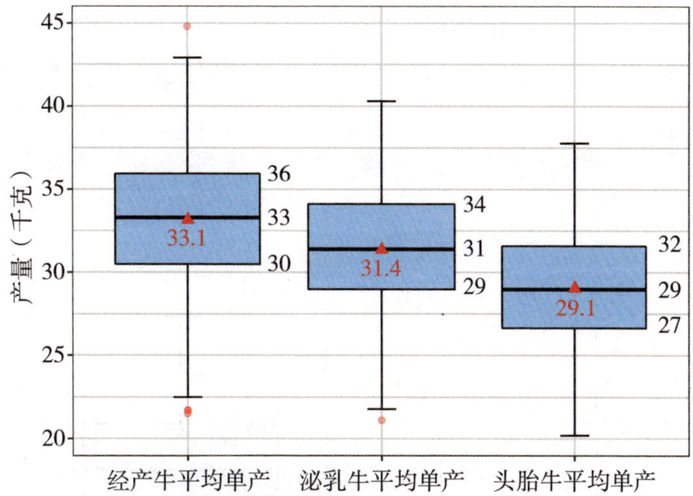

图7.2　不同胎次泌乳牛平均单产分布情况统计（n=151）

第二节　高峰泌乳天数

高峰泌乳天数，指对泌乳牛群按泌乳天数进行分组分析平均单产，统计其平均单产最高时的泌乳天数，即为牛群的高峰泌乳天数，根据奶牛泌乳生理规律，通常奶牛在产后40～100天可达其泌乳高峰期。排除掉历史产奶数据异常的牧场，对162个牧场进行高峰泌乳天数统计（图7.3）。结果可见，头胎牛高峰泌乳天数平均值为86.7天，中位数为77天，50%最集中牧场分布于63～98天；经产牛高峰泌乳天数平均值为54.2天，中位数为52天，50%最集中牧场分布于49～63天。

对不同规模群体的高峰泌乳天数进行分组统计（表7.2），可以看到，几个全群规模分组中，牧场规模越大，头胎牛平均高峰泌乳天数越高（即头胎牛达到泌乳高峰时天数较长）；相反，牧场规模越大，经产牛平均高峰泌乳天数越小（即经产牛达到泌乳高峰时天数较短）。各规模分组中头胎牛平均高峰泌乳天数平均值差异较大（2～10天），经产牛平均高峰泌乳天数平均值差异较小（1～4天）。

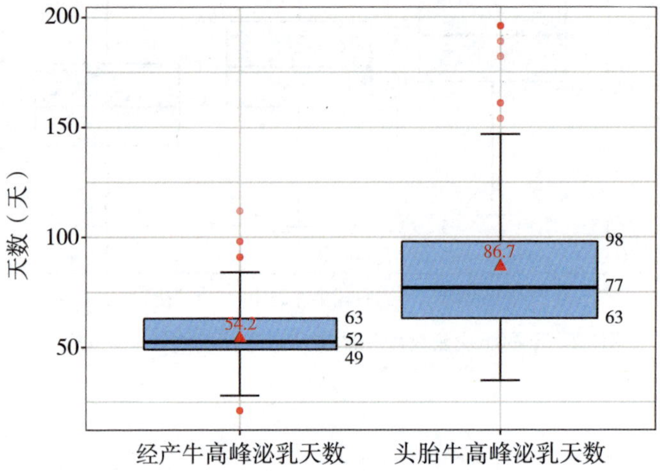

图7.3　牧场高峰泌乳天数的分布箱线图（*n*=162）

表7.2　不同规模群体牧场高峰泌乳天数统计结果（*n*=162）

分组	全群规模（头）	牧场数量（个）	牧场数量占比（%）	平均值（天）	中位数（天）	最大值（天）	最小值（天）
头胎	<1 000	23	14.2	84.0	77	196	35
	1 000～1 999	57	35.2	81.7	77	196	35
	2 000～4 999	43	26.5	89.2	77	161	49
	≥5 000	39	24.1	92.8	84	189	42
	总计	162	100.0	86.7	77	196	35
经产	<1 000	23	14.2	56.6	56	112	21
	1 000～1 999	57	35.2	53.7	49	98	21
	2 000～4 999	43	26.5	54.7	49	91	28
	≥5 000	39	24.1	52.9	56	70	42
	总计	162	100.0	54.2	53	112	21

第三节　高峰产量

排除掉历史产奶数据异常的牧场，对151个牧场进行高峰产量统计（图7.4），头胎牛高峰产量平均值为35.7千克，中位数为36千克，最高值为62.9千克；经产牛高峰产量平均值为43.6千克，中位数为43千克，最高值为64千克。在评估牧场高峰泌乳天数及高峰产量时，可参考一牧云统计指标进行参照比对。

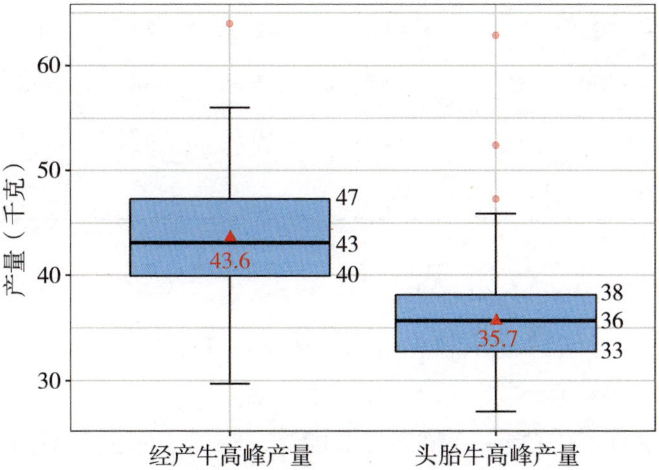

图7.4　牧场高峰产量分布箱线图（*n*=151）

对不同规模群体的高峰产量进行分组统计（表7.3），可以看到，几个全群规模分组中，牧场规模越大，头胎牛平均高峰产量越高；同样，牧场规模越大，经产牛平均高峰产量越高。各规模分组中头胎牛高峰产量平均值差异不是很大（0.4～2.0千克），经产牛高峰产量平均值差异较大（0.7～4.7千克），其中规模≥5 000头牧场头胎牛、经产牛平均高峰产量均最高（分别为37.1千克、46.5千克）。

表7.3　不同规模群体牧场高峰产量统计结果（*n*=151）

分组	全群规模（头）	牧场数量（个）	牧场数量占比（%）	平均值（千克）	中位数（千克）	最大值（千克）	最小值（千克）
头胎	<1 000	29	19.2	35.5	35	52	28
	1 000～1 999	62	41.1	35.1	35	46	27
	2 000～4 999	41	27.2	36.0	36	43	28
	≥5 000	19	12.6	37.1	36	63	28
	总计	151	100.0	35.7	36	63	27
经产	<1 000	29	19.2	41.8	43	50	34
	1 000～1 999	62	41.1	42.5	41	64	30
	2 000～4 999	41	27.2	45.4	46	56	38
	≥5 000	19	12.6	46.5	47	53	40
	总计	151	100.0	43.6	43	64	30

第四节　305天成年当量

产奶量作为牧场主要收入来源之一，同时也是评估奶牛泌乳性能高低的重要指标，其重要性不言而喻。通常，牧场内多数泌乳牛的泌乳天数不同，胎次也分头胎牛和经产牛（2胎及以上），对于牧场管理者而言，很难统一标准来评估奶牛个体泌乳性能。为了使不同胎次的产奶量具有可比性，需要将胎次进行标准化，因此将不同胎次的产奶量校正到第5胎的产奶量。

对158个有完成记录数据的样本牧场进行305天成年当量统计（图7.5），305天成年当量的平均值为10 198.2千克，中位数为10 304千克，最高值为12 589千克，最低值为6 410千克，50%最密集的牧场高峰产量分布于9 593～10 938千克。

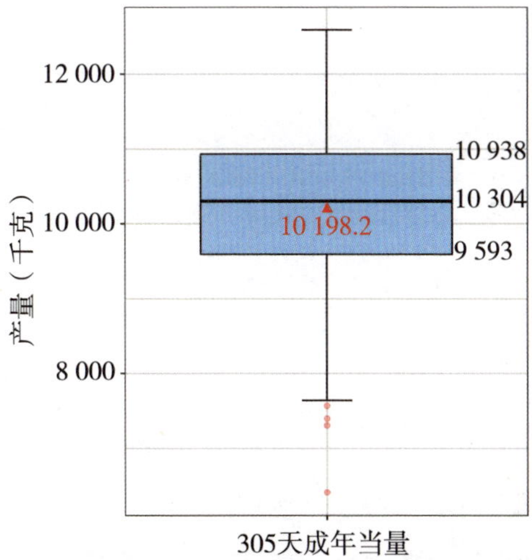

图7.5　牧场305天成年当量分布箱线图（*n*=158）

对不同规模群体的305天成年当量进行分组统计（表7.4），可以看到，几个全群规模分组中，牧场规模越大，305天成年当量越高。各规模分组中305天成年当量平均值差异不是较大（180～1 900千克），其中规模≥5 000头的牧场305天成年当量平均值最高（达10 302千克）。

表7.4　不同规模群体牧场305天成年当量统计结果（*n*=158）

全群规模（头）	牧场数量（个）	牧场数量占比（%）	平均值（千克）	中位数（千克）	最大值（千克）	最小值（千克）
<1 000	34	18.1	8 485	8 566	12 487	3 091
1 000～1 999	62	33.0	8 861	8 995	13 419	3 231
2 000～4 999	49	26.1	9 121	9 339	14 500	3 428
≥5 000	43	22.9	10 302	10 462	12 314	6 314
总计	188	100.0	9 190	9 368	14 500	3 091

第八章 健康系列专题

本章为专题部分，主要针对某一方向或者内容进行具体分析和介绍。本章主要有6个专题，包括《0～180日龄犊牛常见疾病分析》《头胎牛和经产牛的主要疾病发病情况分析》《成母牛死淘前最后一次发病与死淘原因分析》和《不同月份天气情况及牧场所属温度带与成母牛主要疾病发病率关系的分析报告》，还有育种系列的《不同公牛女儿305天校正产奶量及泌乳特征分析》《公牛女儿长寿性性状与终生奶量分析》。期望通过专题的具体深入分析或介绍，让读者更多地了解以上6个专题的内容。

专题一：0～180日龄犊牛常见疾病分析

奶牛疾病具体有呼吸系统疾病、消化系统疾病、循环系统疾病、泌尿系统疾病、神经系统疾病、产科及繁殖疾病、肌肉骨骼疾病、蹄病、眼病、皮肤疾病、传染病、牛寄生虫病、营养代谢性疾病、中毒性疾病等。犊牛常见的疾病有呼吸系统疾病（肺炎、感冒）、消化系统疾病（腹泻、肠炎、消化不良）等。本专题主要对60日龄内、61～180日龄犊牛呼吸系统疾病中肺炎和感冒，消化系统疾病中肠炎、腹泻和消化不良进行分析，包括犊牛发病日龄、疾病治愈率、治疗天数等，以便读者对犊牛常见疾病有较为系统的了解。本专题采用数据来源于一牧云（YIMUCloud）“牧场生产管理与服务支撑系统”中2019年1月1日至2021年12月31日犊牛发病记录。第一部分为0～180日龄犊牛发病记录；第二部分为60日龄内（含）、61～180日龄犊牛肺炎、感冒发病记录，其中用于治愈天数分析的筛选标准为：已治愈犊牛且治愈天数范围［0，360］天。第三部分为60日龄内（含）、61～180日龄犊牛肠炎、腹泻和消化不良发病记录，其中用于治愈天数分析的筛选标准为：已治愈犊牛且治愈天数范围［0，360］天。

1. 犊牛常见疾病

犊牛0～180日龄主要疾病发病次数与占比情况见图8.1。根据占比排序可以看出，腹泻、感冒、肺炎、肠炎和消化不良发病率最高。其中消化系统疾病（腹泻、肠炎和消化不良）发病率占比46.5%，呼吸系统疾病（感冒、肺炎）发病率占比43.3%。

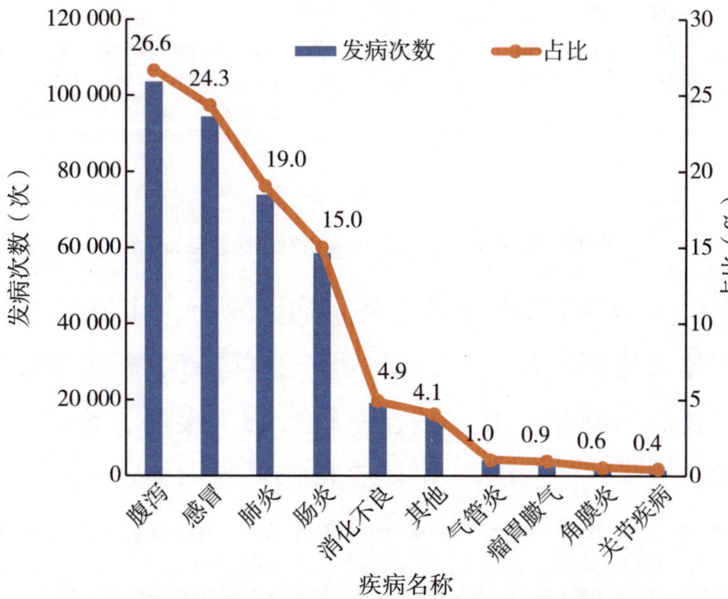

图8.1　犊牛0～180日龄主要疾病发病次数与占比

犊牛60日龄内主要疾病发病次数与占比见图8.2，根据占比排序可以看出，腹泻、感冒、肠炎、肺炎和消化不良发病率依然最高。其中消化系统疾病（腹泻、肠炎和消化不良）占比57.1%，高于0～180日龄的占比；呼吸系统疾病（感冒、肺炎）占比34.6%，低于0～180日龄的占比。

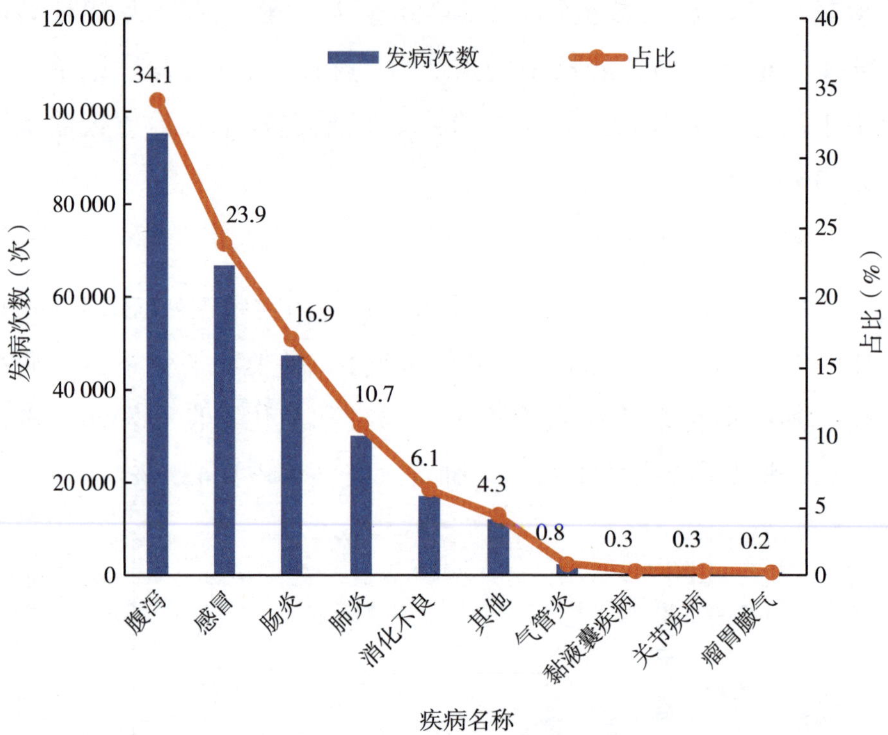

图8.2　犊牛60日龄内主要疾病发病次数与占比

犊牛61～180日龄内主要疾病发病次数与占比情况见图8.3，根据占比排名可以看出，前四名为肺炎、感冒、肠炎和腹泻，消化不良占比有所减少。其中消化系统疾病（腹泻、肠炎和消化不良）占比19.1%，低于0～180日龄和60日龄内的占比；呼吸系统疾病（感冒、肺炎）占比65.9%，高于0～180日龄和60日龄内的占比。

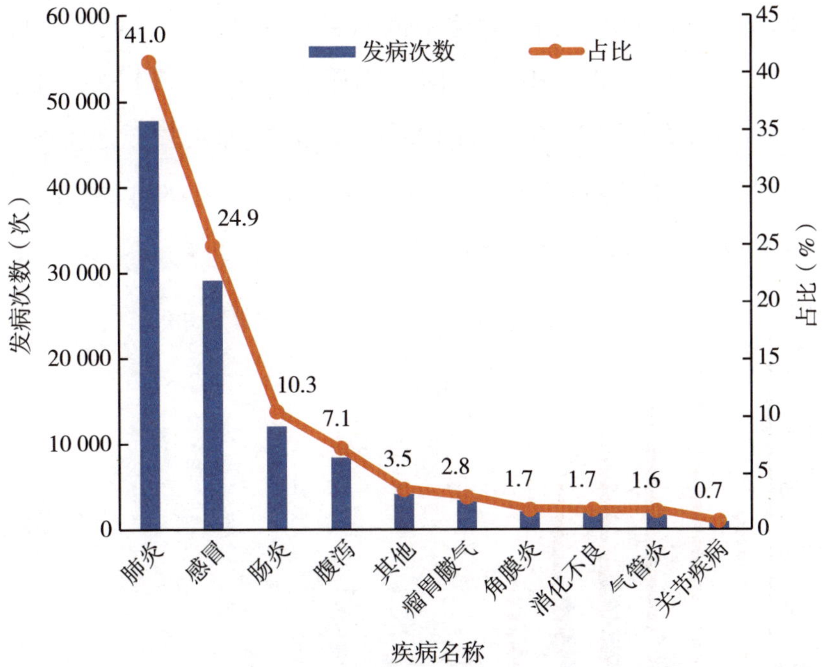

图8.3　犊牛61～180日龄内主要疾病发病次数与占比

2. 犊牛肺炎、感冒发病情况分析

根据具体疾病统计，60日龄内犊牛的感冒发病次数较肺炎发病次数更多，犊牛的感冒治愈率略低于肺炎治愈率（83.90%比84.85%）；61～180日龄犊牛的肺炎发病次数较感冒多，犊牛的感冒治愈率高于肺炎治愈率（89.63%比82.98%）（表8.1）。

表8.1　肺炎、感冒发病犊牛治愈情况

犊牛日龄	疾病名称	治愈次数（次）	未治愈次数（次）	发病次数（次）	治愈率（%）
60日龄内	肺炎	25 481	4 549	30 030	84.85
	感冒	55 955	10 741	66 696	83.90
61～180日龄	肺炎	39 654	8 136	47 790	82.98
	感冒	26 039	3 012	29 051	89.63

按出生后每10天分组统计不同日龄区间犊牛的肺炎、感冒发病次数，可以看出0～60日龄犊牛的感冒发病次数较多，随后逐渐减少；21～60日龄、81～140日龄犊牛的肺炎发病次数较多。0～80日龄犊牛的感冒发病次数高于肺炎，81～180日龄犊牛的肺炎发病次数高于感冒（图8.4）。

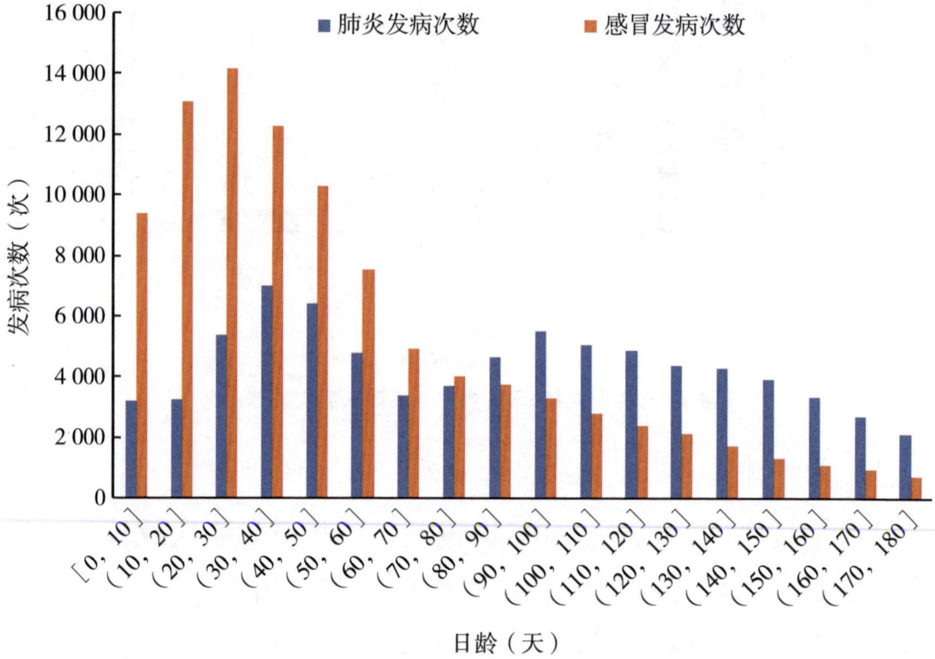

图8.4　不同日龄区间犊牛的肺炎、感冒发病次数

按出生后每10天分组统计不同日龄区间犊牛的肺炎、感冒发病治愈率，由图8.5可以看出，0～20日龄犊牛的感冒治愈率较低，不到80%，此后区间犊牛的治愈率逐渐上升，在41～80日龄和151～180日龄区间犊牛的感冒治愈率最高，均超过90%；0～180日龄犊牛的肺炎治愈率平均低于90%，其中0～10日龄和161～180日龄犊牛的肺炎治愈率均低于80%。

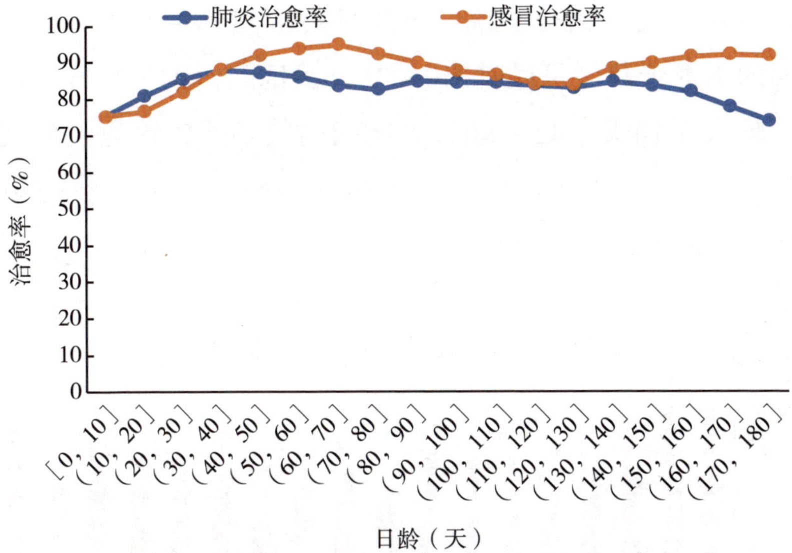

图8.5　不同日龄区间犊牛的肺炎、感冒发病治愈率

不同日龄犊牛的肺炎和感冒治疗天数存在差异。由表8.2可以看出，60日龄内已治愈犊牛中，感冒治愈天数平均为12.90天，肺炎治愈天数平均为12.82天，两者差异不大；61～180日龄已治愈犊牛中，感冒治愈天数平均为10.87天，肺炎治愈天数平均为13.04天，感冒的病程整体低于肺炎的病程。

表8.2　肺炎、感冒发病犊牛治愈天数描述性统计

日龄	疾病名称	平均治愈天数（天）	标准差（天）	最小值（天）	最大值（天）	治愈头数（头）
60日龄内	肺炎	12.82	28.69	0	352	25 436
	感冒	12.90	20.64	0	356	55 930
61～180日龄	肺炎	13.04	24.20	0	353	39 634
	感冒	10.87	19.22	0	359	26 022

按出生后每10天分组统计不同日龄区间犊牛发病时肺炎和感冒发病的治愈天数，可以看出0～30日龄区间内犊牛感冒治愈天数较高，均大于14天，41～80日龄区间内犊牛感冒治愈天数较低，均低于10天；0～180日龄区间内犊牛的肺炎治愈天数均保持在11～15天，较为稳定（图8.6）。

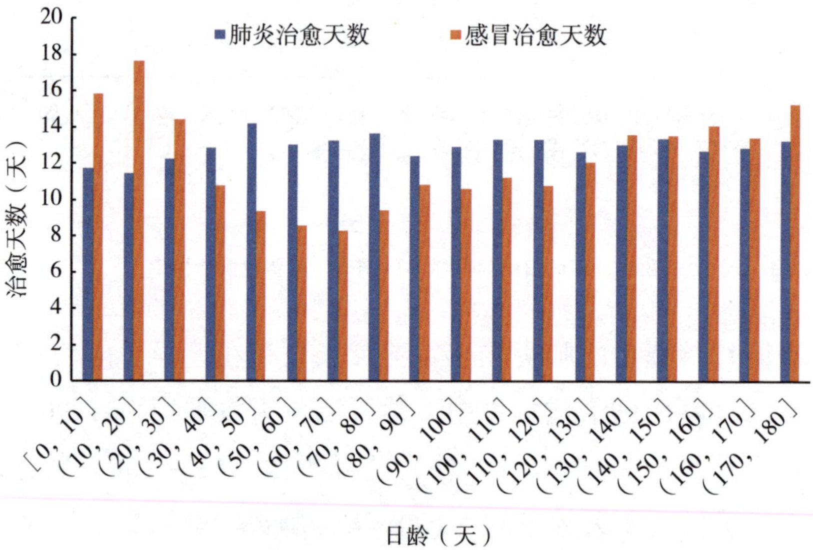

图8.6　不同日龄区间犊牛的肺炎、感冒治愈天数

3. 犊牛肠炎、腹泻和消化不良发病情况分析

按具体疾病统计，由表8.3可以看出，60日龄内犊牛的腹泻发病次数较肠炎、消化不良发病次数更多，犊牛的消化不良、腹泻治愈率均高于肠炎治愈率（91.46%、87.18%比85.41%）；61～180日龄犊牛的肠炎发病次数较腹泻、消化不良多，犊牛消化不良治愈率高于腹泻、肠炎治愈率（89.69%比89.58%、82.05%）。

表8.3 肠炎、腹泻和消化不良发病犊牛的治愈情况

日龄	疾病名称	治愈次数（次）	未治愈次数（次）	发病次数（次）	治愈率（%）
60日龄内	肠炎	40 457	6 912	47 369	85.41
	腹泻	83 192	12 235	95 427	87.18
	消化不良	15 670	1 463	17 133	91.46
61～180日龄	肠炎	9 836	2 152	11 988	82.05
	腹泻	7 391	860	8 251	89.58
	消化不良	1 757	202	1 959	89.69

按出生后每10天分组统计不同日龄区间犊牛的肠炎、腹泻和消化不良发病次数，可以看出0～20日龄区间内犊牛腹泻发病的次数较多，尤其10日龄内，随后发病次数逐渐减少；0～20日龄区间内犊牛肠炎、消化不良的发病次数也较多。0～20日龄区间内犊牛腹泻的发病次数远远高于肠炎和消化不良（图8.7）。

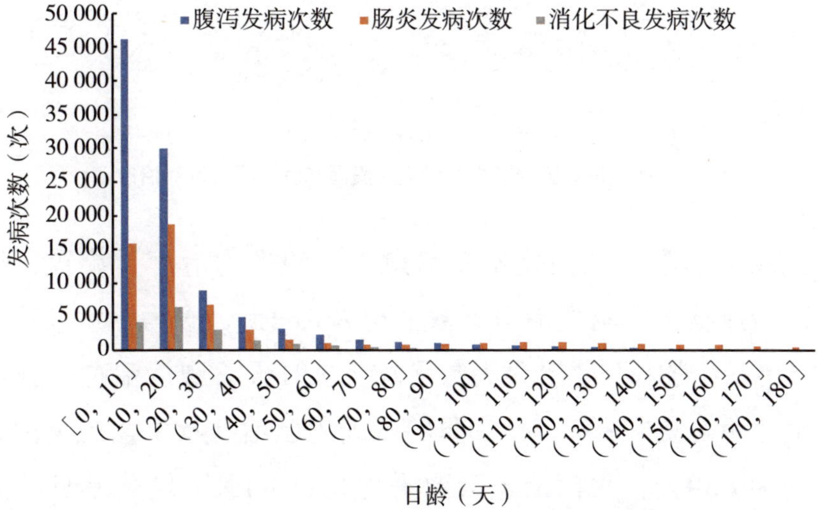

图8.7 不同日龄区间犊牛的肠炎、腹泻和消化不良发病次数

按出生后每10天分组统计不同日龄区间内犊牛的肠炎、腹泻和消化不良发病治愈率，可以看出0～180日龄区间内犊牛肠炎治愈率较低，不到90%，其中81～90日龄区间内和161～180日龄区间内犊牛肠炎的治愈率最低，均低于80%；0～180日龄区间内犊牛腹泻的治愈率平均高于84%，其中21～160日龄区间内腹泻的治愈率均高于88%；0～180日龄区间内犊牛消化不良的治愈率变化波动较大，其中71～80日龄区间内治愈率最高，为95.7%，171～180日龄区间内治愈率最低，仅为75%（图8.8）。

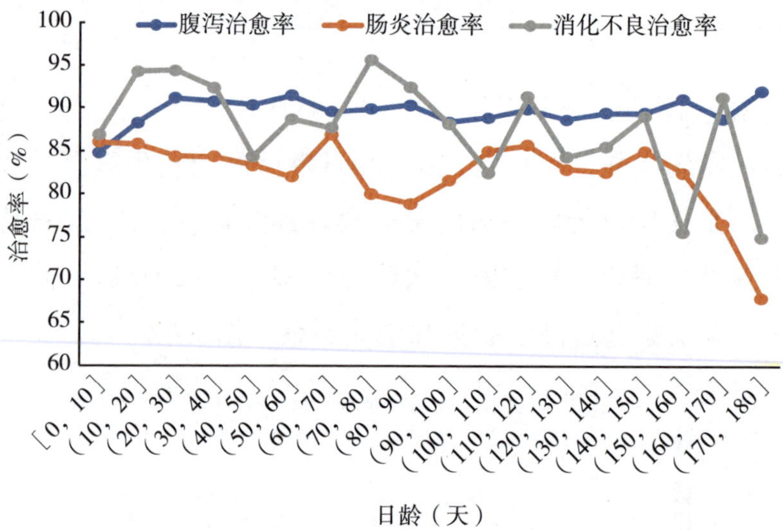

图8.8　不同日龄区间犊牛的肠炎、腹泻和消化不良发病治愈率

从肠炎、腹泻和消化不良治愈牛只的平均治疗天数看，60日龄内已治愈犊牛，肠炎治愈天数平均为9.62天，腹泻治愈天数平均为12.50天，消化不良治愈天数平均为9.91天，腹泻治愈天数比肠炎和消化不良更长；61～180日龄区间内已治愈犊牛，肠炎治愈天数平均为9.89天，腹泻治愈天数平均为11.84天，消化不良治愈天数平均为12.41天，消化不良治愈天数长于腹泻和肠炎（表8.4）。

表8.4 肠炎、腹泻和消化不良发病犊牛治愈天数描述性统计

日龄	疾病名称	平均治愈天数（天）	标准差（天）	最小值（天）	最大值（天）	治愈头数（头）
60日龄内	肠炎	9.62	15.53	0	304	40 457
	腹泻	12.50	29.74	0	360	83 050
	消化不良	9.91	14.51	0	274	15 669
61～180日龄	肠炎	9.89	15.43	0	319	9 836
	腹泻	11.84	21.21	0	313	7 386
	消化不良	12.41	19.16	0	276	1 757

按出生后每10天分组统计不同日龄区间内犊牛肠炎、腹泻和消化不良发病后的治愈天数，可见0～10日龄、91～130日龄、151～160日龄、171～180日龄犊牛腹泻的治愈天数较高，均超过12天，41～60日龄区间犊牛腹泻的治愈天数较低，低于10天；31～60日龄区间内、91～100日龄区间内、151～180日龄区间内犊牛肠炎的治愈天数均在10天以上；61～70日龄区间内、111～150日龄区间内犊牛消化不良的治愈天数均在12天以上（图8.9）。

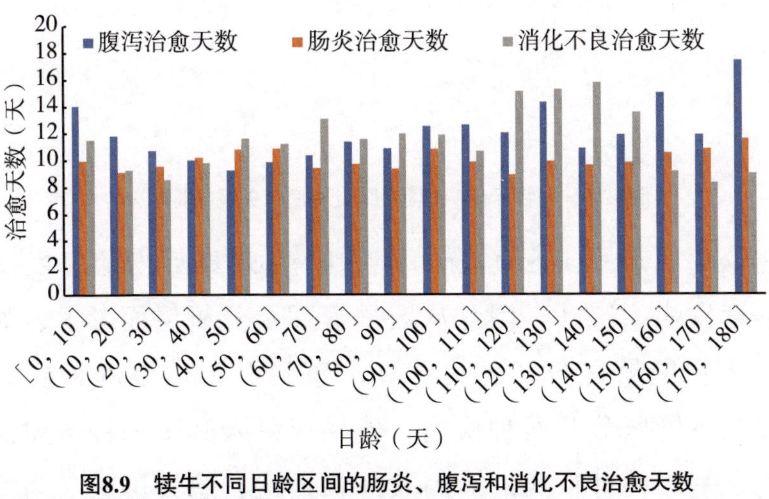

图8.9 犊牛不同日龄区间的肠炎、腹泻和消化不良治愈天数

附：

（1）一牧云DWeb系统犊牛肺炎发病率关键指标算法（图8.10）。

$$\text{犊牛60日龄内的肺炎发病率（当前）（\%）}=\frac{\text{过去一年留养母犊60（}\leqslant 60\text{）天内登记肺炎发病数}}{\text{过去一年产犊留养母犊总数}}\times 100$$

$$\text{犊牛60日龄内的肺炎发病率（月度）（\%）}=\frac{\text{当月出生留养母犊60（}\leqslant 60\text{）天内登记肺炎发病数}}{\text{当月出生留养母犊总数}}\times 100$$

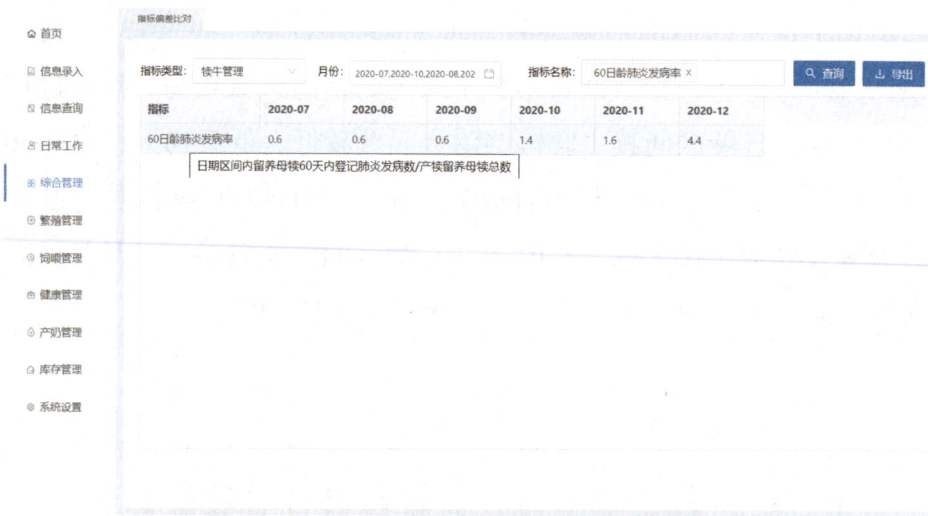

图8.10　一牧云DWeb犊牛肺炎发病率关键指标算法

建议：目前一牧云系统可统计犊牛60日龄内肺炎发病率，暂无感冒发病率统计，因此从数据管理及分析层面考虑，如果牧场工作人员能够区分“肺炎”和“感冒”，可以两种疾病都录入；如果不能区分开两种疾病，建议仅录入其中一种（建议“肺炎”），基于两种疾病的病因及症状描述，感冒可定义为症状较轻的肺炎，以方便统计肺炎发病率，避免因录入“感冒”系统无该指标，导致无法更好分析及预警牧场犊牛健康情况。同时，系统的肺炎发病率算法也将考虑将“肺炎”和“感冒”都纳入指标统计范围。

（2）一牧云DWeb系统犊牛腹泻发病率关键指标算法（图8.11）。

$$\text{犊牛60日龄内腹泻发病率（当前）（\%）}=\frac{\text{过去一年留养母犊60（≤60）天内登记腹泻发病数}}{\text{过去一年产犊留养母犊总数}}\times 100$$

$$\text{犊牛60日龄内的腹泻发病率（月度）（\%）}=\frac{\text{当月出生留养母犊60（≤60）天内登记腹泻发病数}}{\text{当月出生留养母犊总数}}\times 100$$

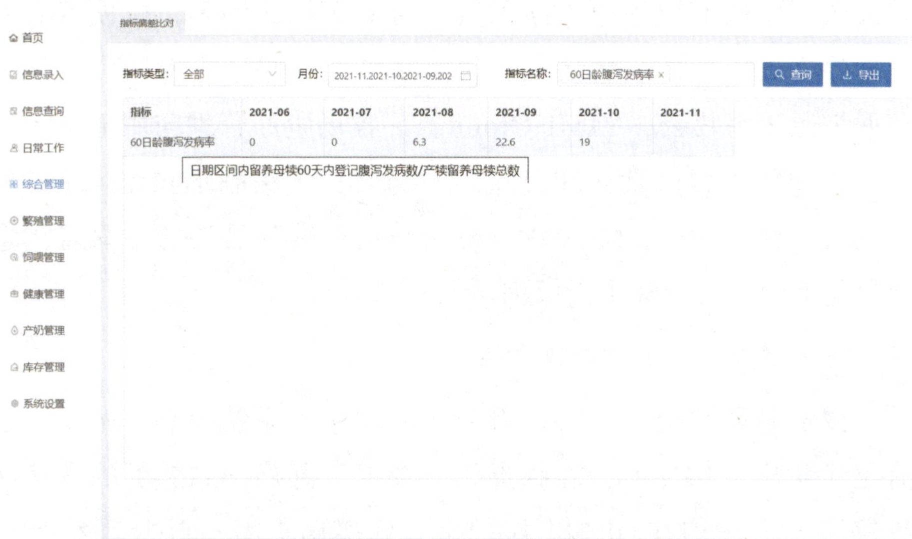

图8.11 一牧云DWeb犊牛腹泻发病率关键指标算法

建议：目前一牧云系统关键指标项目列入犊牛60日龄内腹泻发病率，暂未单列肠炎和消化不良发病率的统计，因此从数据管理与分析层面考虑，如果牧场工作人员能够区分“腹泻”“肠炎”“消化不良”，可以区分录入；如果不能区分三种疾病，建议仅录入其中一种（建议“腹泻”），基于三种疾病的病因及症状描述，消化不良可定义为症状较轻的腹泻，肠炎可定义为症状较重的腹泻，以方便统计腹泻发病率，避免因分散录入三种疾病，使系统计算发病率低于实际生产情况，导致无法更好地分析及预警牧场犊牛健康情况。

专题二：头胎牛和经产牛的主要疾病发病情况分析

本专题主要对成母牛（头胎牛、经产牛）营养代谢疾病、繁殖疾病、乳腺炎、蹄病进行分析，分析的主要项目包括发病时产后天数、疾病治愈率、治疗天数、对应淘汰比例等，以便读者对成母牛主要疾病的发病情况有较为系统的了解。本专题中采用的数据来源于一牧云（YIMUCloud）“牧场生产管理与服务支撑系统”中2019年1月1日至2021年12月31日关于头胎牛和经产牛的发病记录，其中用于治愈天数分析的筛选标准为已治愈牛只且治愈天数范围为［0，360］天以内。

1. 头胎牛、经产牛常见疾病

按疾病类型统计，可以看出头胎牛生殖系统疾病（31%）、消化代谢病（19%）、乳腺炎（18%）、蹄病（11%）的发病次数较多，占比均在10%以上，为常见疾病类型；呼吸系统疾病（6%）、外科疾病（4%）、乳房疾病[①]（4%）、传染病（低于1%）发病次数相对较少；经产牛乳腺炎（26%）、消化代谢

① 一牧云系统中乳房疾病包括乳房创伤、乳房水肿、乳静脉破裂、乳头冻伤、血孔。

病（26%）、生殖系统疾病（16%）、蹄病（12%）发病次数较多，为常见疾病类型，同样，呼吸系统疾病（5%）、乳房疾病（4%）、外科疾病（4%）、传染病（低于1%）发病次数较少（图8.12）。

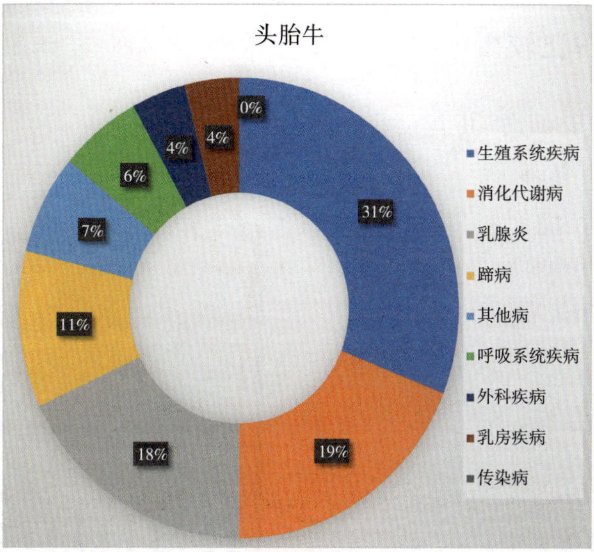

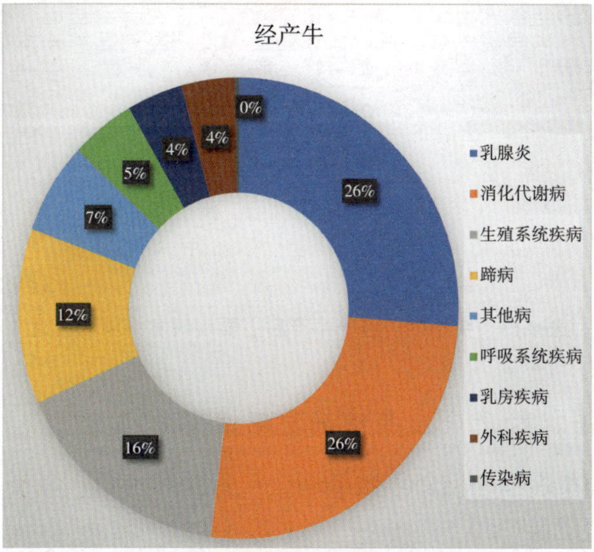

图8.12 头胎牛、经产牛产后发病主要疾病类型占比

根据发病占比排序前15的疾病来看，头胎牛中乳腺炎、子宫炎、胎衣不下和产道拉伤为主要发病的疾病，4种病的占比均超过了5%，肺炎、酮病、消化不良、血乳、肠炎、蹄病等占比较少；经产牛中乳腺炎、子宫炎、胎衣不下和酮病为主要发病的疾病，4种病的占比均超过了5%，肠炎、血乳、肺炎、消化不良、真胃变位、蹄病等占比较少（图8.13）。

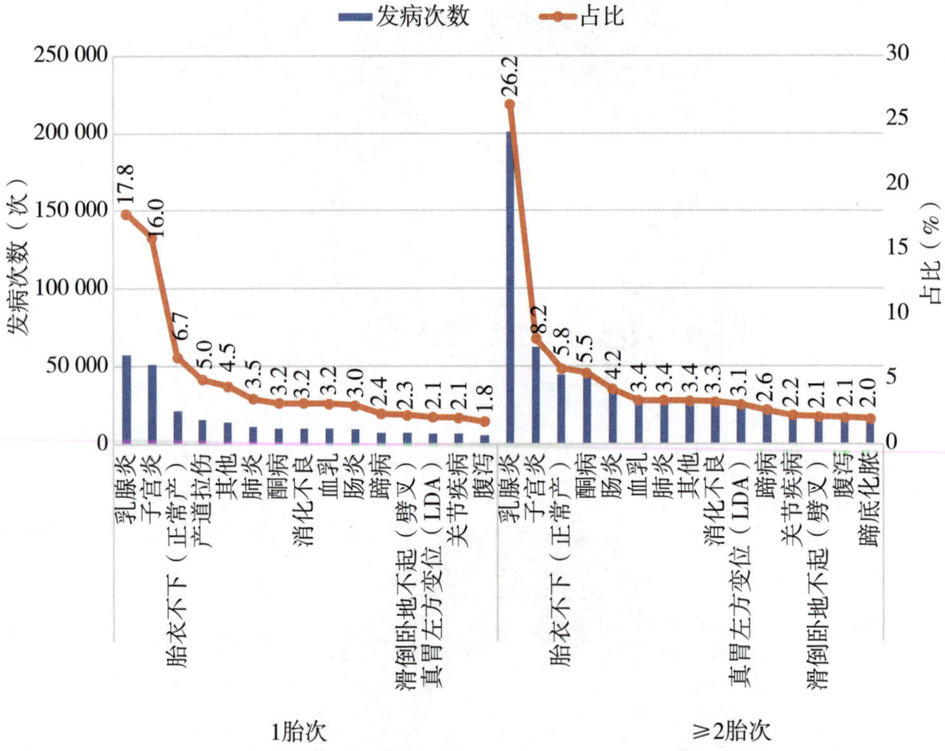

图8.13　头胎牛、经产牛产后主要疾病发病原因占比

2. 头胎牛、经产牛主要疾病发病情况分析

根据具体疾病统计可以看出，头胎牛的乳腺炎、子宫炎、胎衣不下、产道拉伤、酮病、消化不良、血乳发病后的治愈率较高，均高于90%；肺炎和肠炎的治愈率较低，低于80%（表

8.5）。经产牛的乳腺炎、子宫炎、胎衣不下、血乳等疾病的治愈率较高，均高于90%；酮病和消化不良的治愈率较低，低于90%；肠炎、肺炎、真胃变位的治愈率最低，低于80%（表8.6）。

表8.5　头胎牛主要疾病治愈情况统计

疾病名称	治愈次数（次）	未治愈次数（次）	发病次数（次）	治愈率（%）
乳腺炎	52 199	5 195	57 394	90.9
子宫炎	47 888	3 649	51 537	92.9
胎衣不下（正常产）	19 997	1 720	21 717	92.1
产道拉伤	14 913	1 242	16 155	92.3
其他	12 353	2 116	14 469	85.4
肺炎	7 901	3 430	11 331	69.7
酮病	9 454	816	10 270	92.1
消化不良	9 230	972	10 202	90.5
血乳	9 444	726	10 170	92.9
肠炎	7 290	2 362	9 652	75.5

表8.6　经产牛主要疾病治愈情况统计

疾病名称	治愈次数（次）	未治愈次数（次）	发病次数（次）	治愈率（%）
乳腺炎	181 047	19 663	200 710	90.2
子宫炎	57 729	4 815	62 544	92.3
胎衣不下（正常产）	40 500	4 264	44 764	90.5
酮病	35 632	6 420	42 052	84.7
肠炎	21 682	10 896	32 578	66.6
血乳	23 747	2 221	25 968	91.4

（续表）

疾病名称	治愈次数（次）	未治愈次数（次）	发病次数（次）	治愈率（%）
肺炎	16 678	9 250	25 928	64.3
其他	20 745	4 994	25 739	80.6
消化不良	21 800	3 354	25 154	86.7
真胃左方变位（LDA）	17 841	5 586	23 427	76.2

根据头胎牛主要疾病治愈牛只所花费的平均治愈天数分析，已治愈头胎牛中乳腺炎的治愈天数平均为（11.8 ± 21.0）天，子宫炎的治愈天数平均为（13.4 ± 25.2）天，胎衣不下的治愈天数平均为（11.1 ± 21.8）天，产道拉伤的治愈天数平均为（10.7 ± 13.3）天，酮病的治愈天数平均为（14.5 ± 20.4）天，血乳的治愈天数平均为（8.5 ± 14.1）天，消化不良的治愈天数平均为（9.0 ± 16.1）天，肺炎的治愈天数平均为（8.8 ± 11.9）天，肠炎的治愈天数平均为（12.5 ± 29.6）天（表8.7）。

表8.7　头胎牛主要疾病治愈天数的描述性统计

疾病名称	治愈天数（天）	标准差（天）	最小值（天）	最大值（天）	治愈头数（头）
乳腺炎	11.8	21.0	0	352	52 173
子宫炎	13.4	25.2	0	358	47 886
胎衣不下（正常产）	11.1	21.8	0	344	19 989
产道拉伤	10.7	13.3	0	266	14 913
其他	13.0	29.8	0	346	12 310
酮病	14.5	20.4	0	271	9 450
血乳	8.5	14.1	0	331	9 435
消化不良	9.0	16.1	0	303	9 230

（续表）

疾病名称	治愈天数（天）	标准差（天）	最小值（天）	最大值（天）	治愈头数（头）
肺炎	8.8	11.9	0	320	7 900
肠炎	12.5	29.6	0	310	7 290

根据经产牛主要疾病治愈牛只的平均治愈天数看，已治愈经产牛乳腺炎的治愈天数平均为（10.8 ± 16.3）天，子宫炎的治愈天数平均为（11.5 ± 21.7）天，胎衣不下的治愈天数平均为（9.5 ± 18.1）天，酮病的治愈天数平均为（12.7 ± 19.3）天，血乳的治愈天数平均为（8.2 ± 13.4）天，消化不良的治愈天数平均为（8.6 ± 16.4）天，肠炎的治愈天数平均为（8.5 ± 11.6）天，真胃左方变位的治愈天数平均为（9.3 ± 14.0）天，肺炎的治愈天数平均为（8.6 ± 10.6）天（表8.8）。

表8.8 经产牛主要疾病治愈天数描述性统计

疾病名称	治愈天数（天）	标准差（天）	最小值（天）	最大值（天）	治愈头数（头）
乳腺炎	10.8	16.3	0	350	181 000
子宫炎	11.5	21.7	0	352	57 722
胎衣不下（正常产）	9.5	18.1	0	358	40 492
酮病	12.7	19.3	0	351	35 615
血乳	8.2	13.4	0	321	23 739
消化不良	8.6	16.4	0	320	21 796
肠炎	8.5	11.6	0	293	21 674
其他	12.2	28.5	0	360	20 549
真胃左方变位（LDA）	9.3	14.0	0	355	17 829
肺炎	8.6	10.6	0	285	16 675

按每30天分组统计头胎牛和经产牛在不同产后天数区间内乳腺炎的发病次数，可以看出经产牛产后乳腺炎的发病次数远高于头胎牛；头胎牛产后30天内乳腺炎的发病次数最多，远高于产后31天以上阶段；经产牛产后0～180天乳腺炎的发病次数较高，随后有所减少（图8.14）。

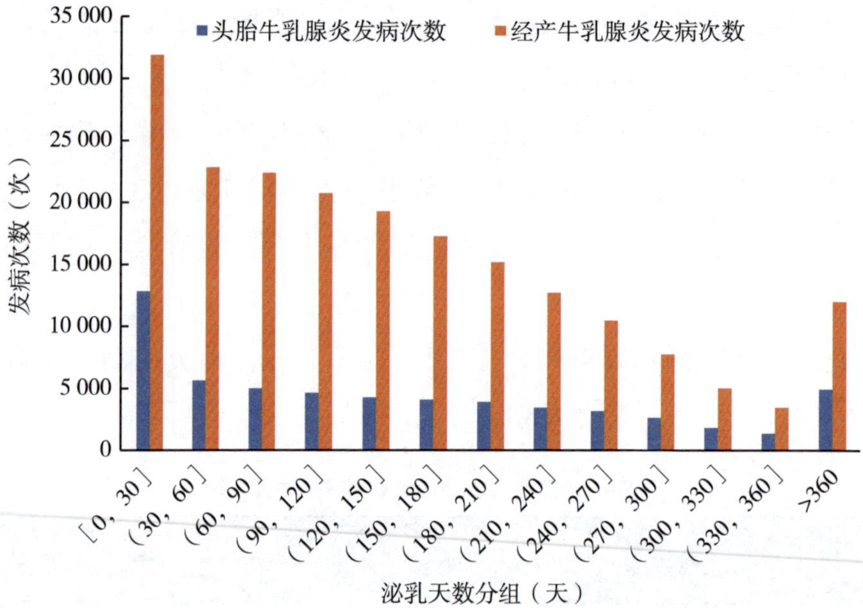

图8.14　头胎牛、经产牛产后不同阶段乳腺炎的发病次数

按每30天分组统计产后每隔30天内头胎牛、经产牛乳腺炎的治愈天数，由图8.15可以看出，头胎牛乳腺炎的治愈天数高于经产牛（除产后331～360天）；头胎牛乳腺炎的治愈天数在11～14天；经产牛乳腺炎的治愈天数在10～12天。

按每30天分组统计产后乳腺炎治愈率，头胎牛和经产牛乳腺炎的治愈率均较高，除头胎牛产后［0，30］天、（330，360］天治愈率较低，不足90%，经产牛产后（270，360］天治愈率较低，不足90%，其余产后天数均高于90%以上（图8.16）。

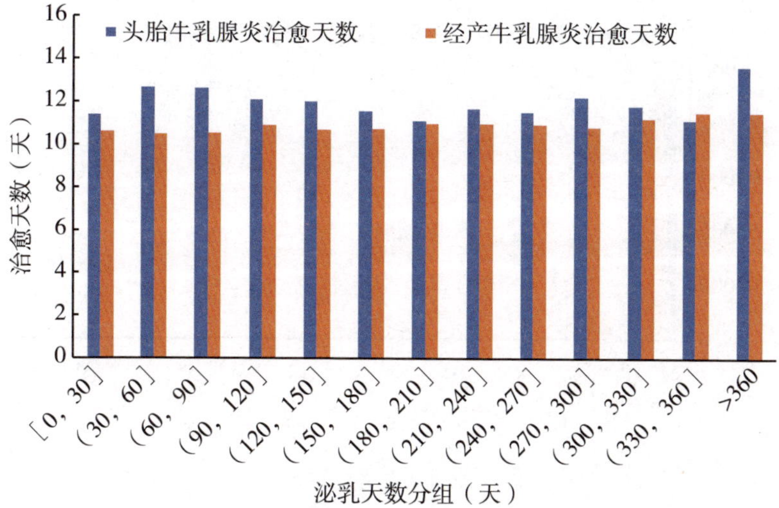

图8.15　头胎牛、经产牛产后不同阶段乳腺炎的治愈天数

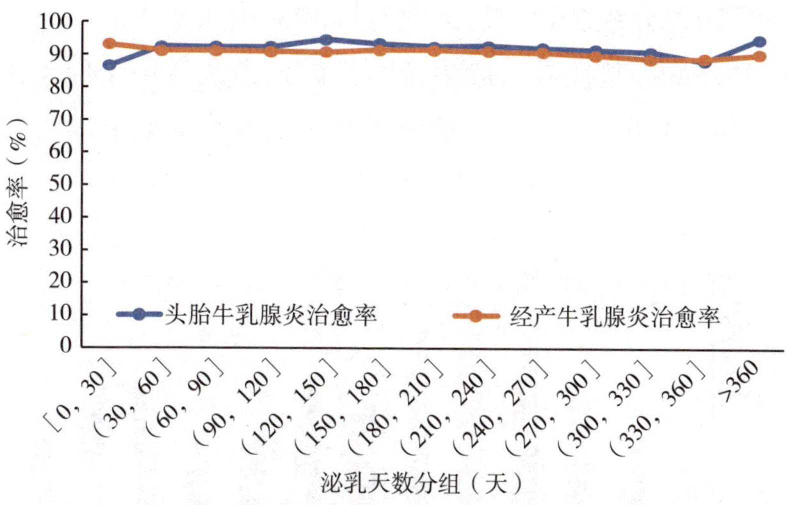

图8.16　头胎牛、经产牛产后不同阶段乳腺炎治愈率

按每30天分组统计不同产后天数区间头胎牛和经产牛子宫炎的发病次数，可以看出经产牛乳腺炎的发病次数略高于头胎牛；头胎牛和经产牛子宫炎的发病多集中在产后30天内，其余阶段发病较少（图8.17）。

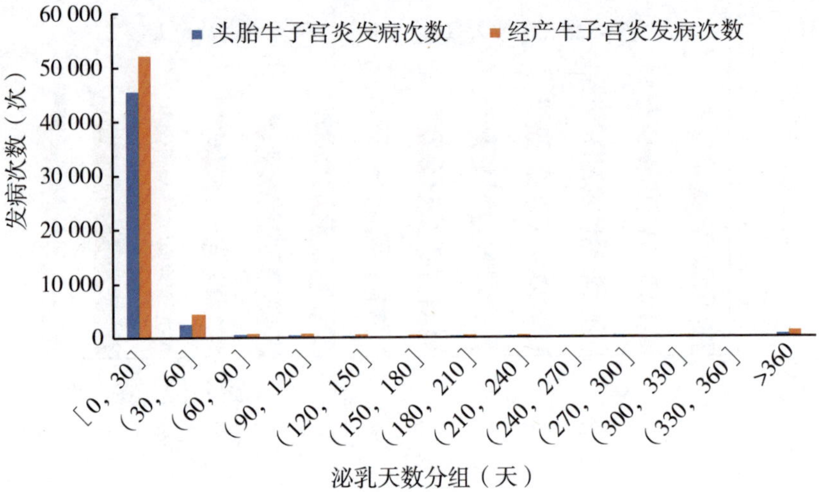

图8.17　头胎牛、经产牛产后不同阶段子宫炎发病次数

按每30天分组统计产后天数每隔30天内头胎牛、经产牛子宫炎的治愈天数，整体看头胎牛子宫炎的治愈天数高于经产牛（除产后（270，330］天）；头胎牛子宫炎的治愈天数范围为12～28天；经产牛子宫炎的治愈天数范围为10～25天（图8.18）。

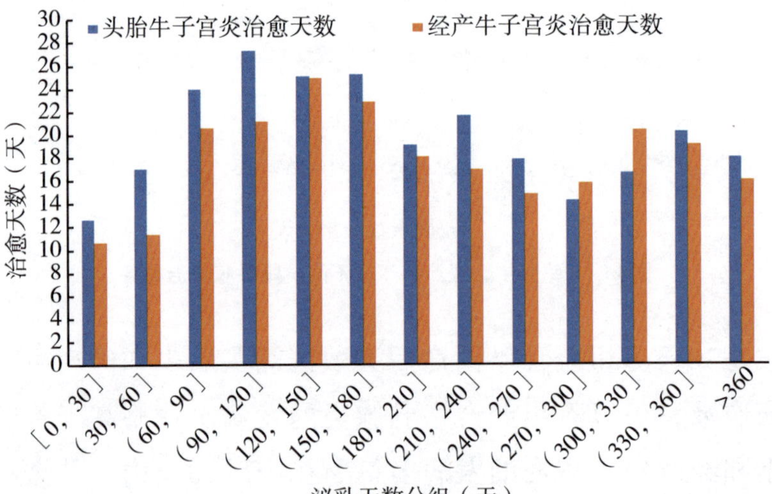

图8.18　头胎牛、经产牛产后不同阶段子宫炎的治愈天数

按每30天分组统计产后子宫炎的治愈率，从图8.19可以看出，经产牛子宫炎的治愈率较高，除产后（120，150］天、（240，270］天、（330，360］天治愈率低于90%，其余产后天数子宫炎的治愈率均高于90%；头胎牛子宫炎的治愈率较低，除产后［0，60］天、（240，300］天的治愈率在90%以上，其余产后阶段的治愈率均不足90%。

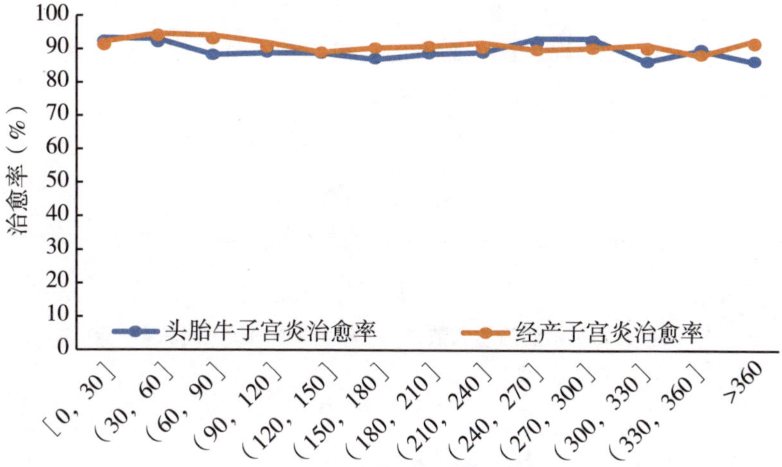

图8.19　头胎牛、经产牛产后不同阶段子宫炎的治愈率

按每30天分组统计不同产后天数区间头胎牛、经产牛蹄病的发病次数，可以看出经产牛蹄病的发病次数远高于头胎牛；头胎牛产后30天内蹄病的发病次数最多，高于产后31天以后的阶段；经产牛产后0～180天蹄病的发病次数较高，随后有所减少（图8.20）。

按每30天分组统计产后天数每隔30天内头胎牛、经产牛蹄病的治愈天数，可以看出头胎牛、经产牛蹄病的治愈天数高低不等，头胎牛蹄病的治愈天数范围在产后（31，60］天、（91，120］天治愈天数较高（>28天）；经产牛蹄病的治愈范围在产后

［0，30］天、（91，120］天及360天以上治愈天数较高（>26天）（图8.21）。

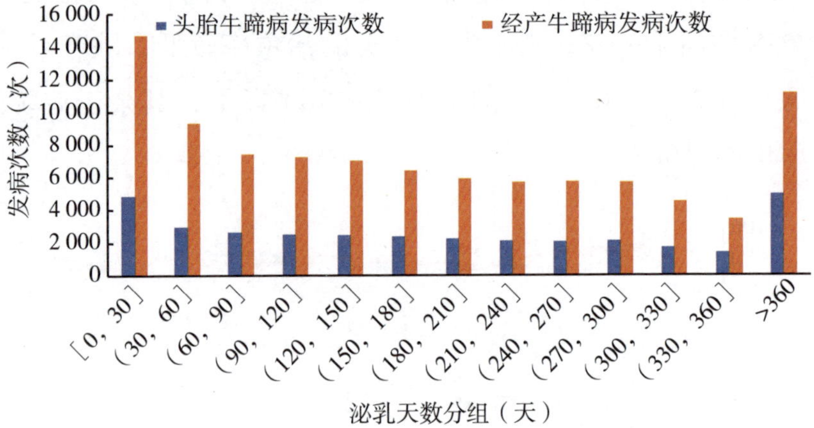

图8.20　头胎牛、经产牛产后不同阶段蹄病的发病次数

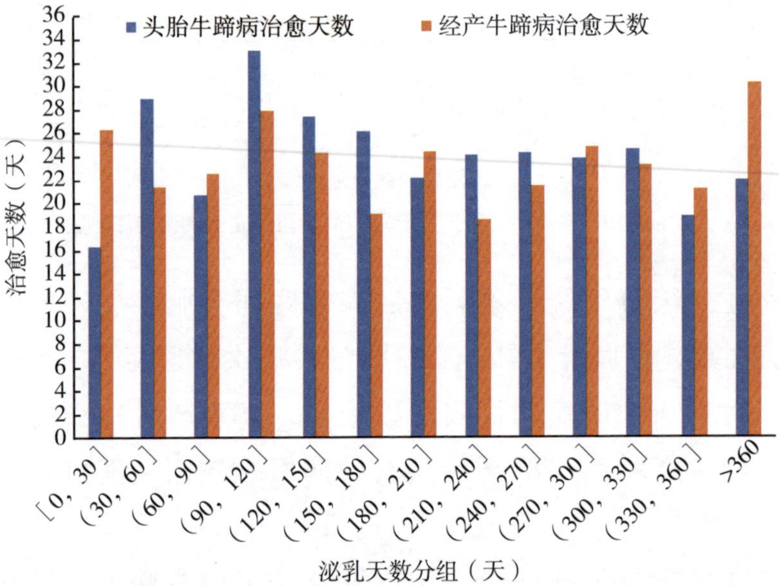

图8.21　头胎牛、经产牛产后不同阶段蹄病治愈天数

按每30天分组统计产后蹄病治愈率，头胎牛、经产牛蹄病的治愈率均低于90%，其中头胎牛蹄病的治愈率更低，大多数不足85%；经产牛蹄病的治愈率略高于头胎牛（图8.22）。

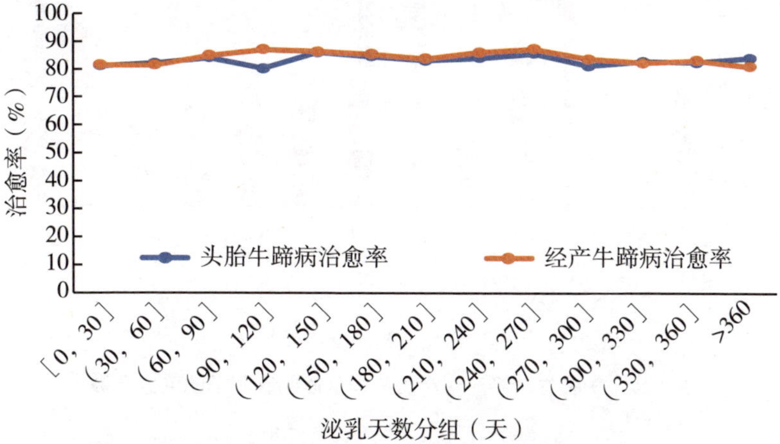

图8.22　头胎牛、经产牛产后不同阶段蹄病的治愈率

按每30天分组统计产后天数每隔30天内头胎牛、经产牛胎衣不下的治愈天数，结合图8.23的发病次数和图8.24的治愈天数可以看出，胎衣不下的发病时间主要集中在产后30天内，头胎牛胎衣不下的治愈天数略高于经产牛。

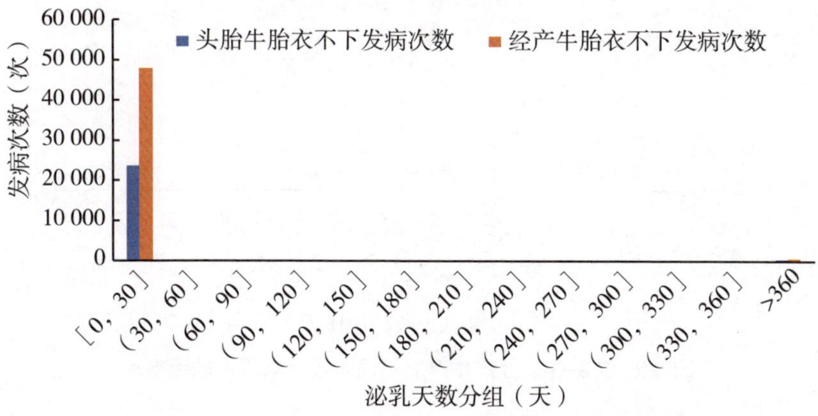

图8.23　头胎牛、经产牛产后不同阶段胎衣不下的发病次数

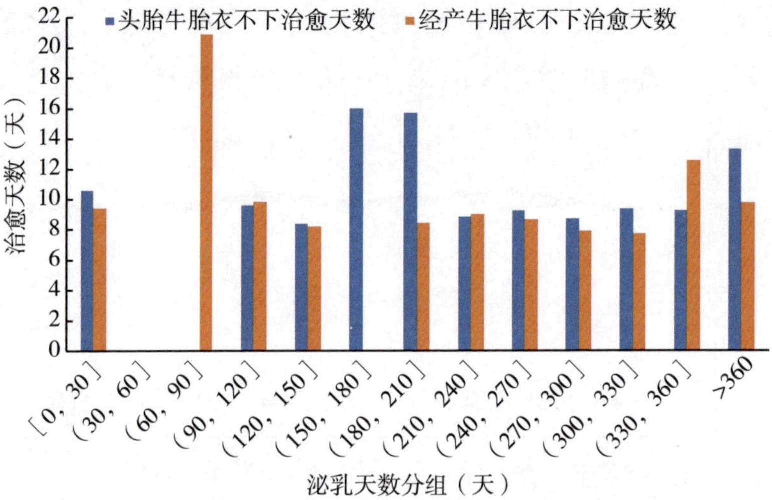

图8.24　头胎牛、经产牛产后不同阶段胎衣不下的治愈天数

按每30天分组统计头胎牛和经产牛产后胎衣不下的治愈率，由图8.25可以看出，产后30天内头胎牛胎衣不下的治愈率较高，经产牛略低，但都高于90%。

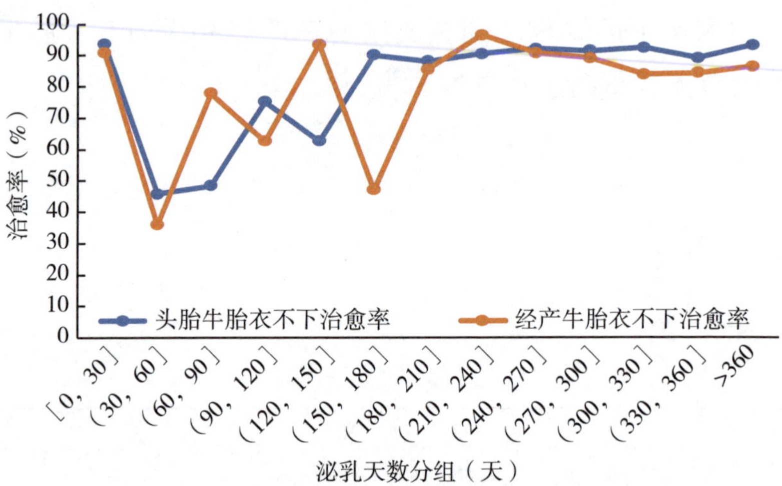

图8.25　头胎牛、经产牛产后不同阶段胎衣不下的治愈率

按每30天分组统计不同产后天数区间头胎牛、经产牛代谢疾病的发病次数，可以看出经产牛代谢疾病（酮病、真胃移位、产后瘫痪）的发病次数远高于头胎牛；代谢疾病主要发生在产后30天内，之后代谢疾病的发病极少（图8.26）。

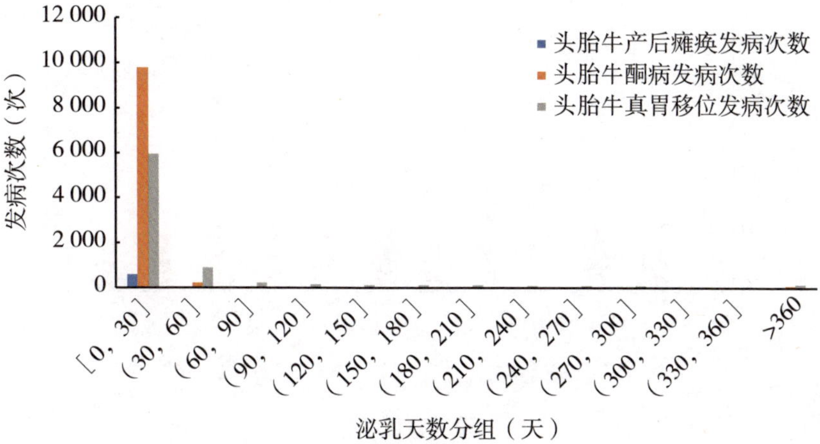

a. 头胎牛

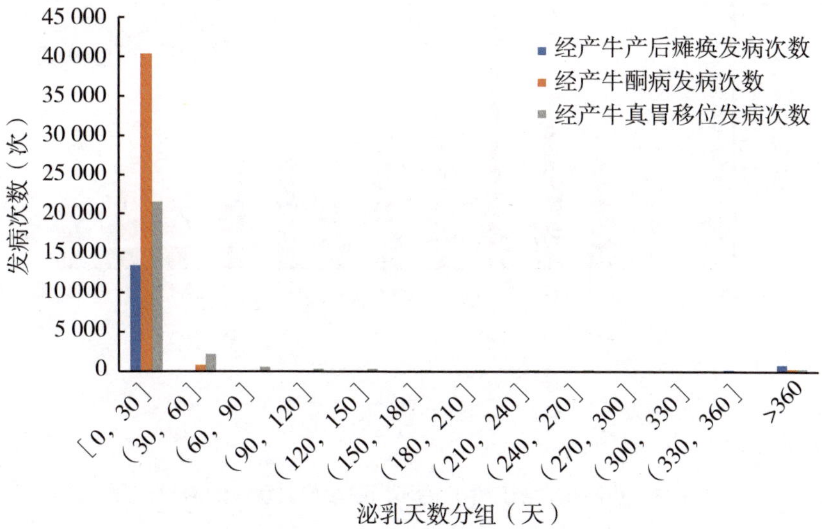

b. 经产牛

图8.26 头胎牛、经产牛产后不同阶段代谢疾病的发病次数

按每30天分组统计产后天数区间头胎牛、经产牛代谢疾病的治愈天数，可以看出头胎牛代谢疾病的治愈天数范围在9～15天；经产牛代谢疾病的治愈天数范围在10～32天，其中产后瘫痪的治愈天数最高30天以上（图8.27）。

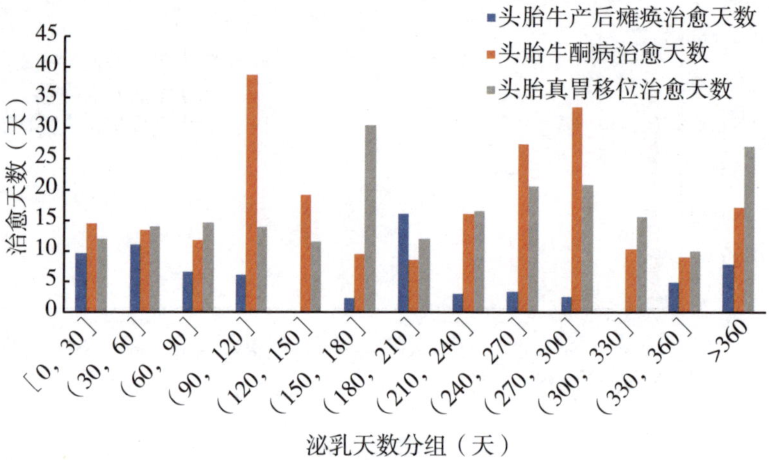

a. 头胎牛

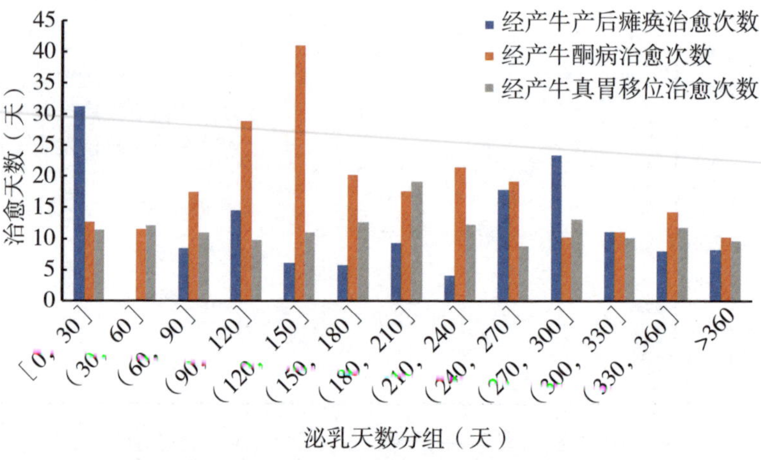

b. 经产牛

图8.27　头胎牛、经产牛产后不同阶段代谢疾病的治愈天数

按每30天分组统计产后代谢疾病的治愈率，可以看出产后30天内头胎牛酮病的治愈率高于经产牛，其中头胎牛高于90%，经产牛在85%左右；产后30天内头胎牛产后瘫痪的治愈率低于经产牛，其中头胎牛为50%，经产牛在80%左右；产后30天内头胎牛真胃移位的治愈率高于经产牛，其中头胎牛较高，为75%，经产牛较低，为50%（图8.28）。

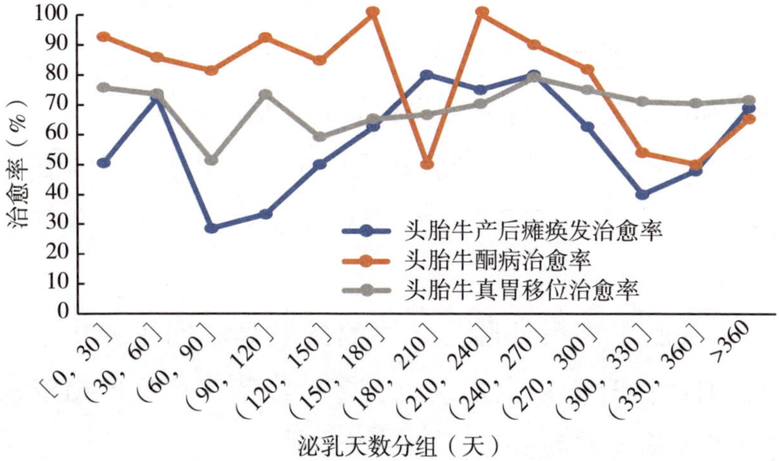

a. 头胎牛

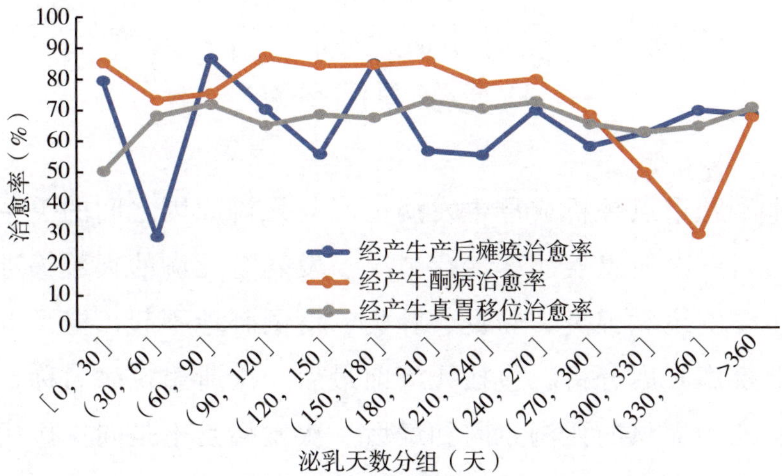

b. 经产牛

图8.28 头胎牛、经产牛产后不同阶段产后代谢疾病治愈率

3. 总结

关于成母牛常见疾病的发病次数、治愈率、治愈天数，不同产后阶段对应疾病的发病次数、治愈率、治愈天数，可总结如下。

（1）头胎牛、经产牛常见疾病中生殖系统疾病、消化代谢病、乳腺炎、蹄病、呼吸系统疾病的发病次数较多，其中头胎牛的常见疾病为乳腺炎、子宫炎、胎衣不下、产道拉伤，经产牛的常见疾病为乳腺炎、子宫炎、胎衣不下、酮病。

（2）头胎牛、经产牛产后30天内主要发病和死淘原因是繁殖疾病（子宫炎、胎衣不下），代谢疾病（真胃变位、酮病、产后瘫痪）。

（3）头胎牛产后乳腺炎、蹄病的发病时间主要集中在产后30天内，但产后30天以上发病也较多；经产牛产后0～180天乳腺炎、蹄病的发病次数较高。

专题三：成母牛死淘前最后一次发病与死淘原因分析

本专题重点探析成母牛发病情况与死淘原因之间的关系，就牛只最后一次所患疾病、治疗情况、发病至死淘的天数等进行分析。主要围绕乳腺炎、肠炎、肺炎、滑倒卧地不起（劈叉）、子宫炎等疾病开展分析，包括死淘前最后一次所患疾病名称、治愈天数、死淘牛只的死淘原因和最后一次发病是不是同一疾病，死淘前最后一次疾病治愈状态是或否等，以便读者对成母牛的死淘原因及最后一次发病之间的关系有所了解。本专题的数据主要基于一牧云（YIMUCloud）“牧场生产管理与服务支撑系统”中2003年9月至2021年12月的成母牛发病和死淘区间，死淘与发病日期间隔大于等于0天，共计460 167头成母牛的数据用于分析。

1. 死淘前最后一次发病情况统计

成母牛死淘前的乳腺炎、肠炎、肺炎、滑倒卧地不起（劈叉）、子宫炎、关节疾病等发病头数较多。由表8.9可以看出，成母牛的乳腺炎和子宫炎治愈率较高，分别为66.9%和72.3%，肠炎、肺炎、滑倒卧地不起（劈叉）、关节疾病等治愈率较低，均低于30%。

表8.9 死淘前成母牛的发病情况

疾病名称	牛只（头）		占比（%）		合计（头）
	未治愈	治愈	未治愈	治愈	
乳腺炎	28 752	58 048	33.1	66.9	86 800
肠炎	25 193	9 517	72.6	27.4	34 710
肺炎	23 330	6 998	76.9	23.1	30 328
滑倒卧地不起（劈叉）	24 018	3 670	86.7	13.3	27 688
子宫炎	6 143	15 996	27.7	72.3	22 139
关节疾病	14 019	6 113	69.6	30.4	20 132
真胃左方变位（LDA）	9 971	6 112	62.0	38.0	16 083
其他	7 448	5 089	59.4	40.6	12 537
酮病	7 099	4 446	61.5	38.5	11 545
蹄底化脓	4 792	6 358	43.0	57.0	11 150
消化不良	4 993	6 002	45.4	54.6	10 995
胎衣不下（正常产）	2 702	8 292	24.6	75.4	10 994
真胃炎	8 488	1 849	82.1	17.9	10 337
产后瘫痪	7 454	2 524	74.7	25.3	9 978
创伤	6 052	2 610	69.9	30.1	8 662
产道拉伤	3 042	4 655	39.5	60.5	7 697
蹄叉炎	3 224	4 387	42.4	57.6	7 611
腹泻	4 284	3 091	58.1	41.9	7 375
血乳	2 225	4 610	32.6	67.4	6 835

（续表）

疾病名称	牛只（头）		占比（%）		合计（头）
	未治愈	治愈	未治愈	治愈	
腹膜炎	5 226	687	88.4	11.6	5 913
其他	69 053	31 605	68.6	31.4	100 658
总计	267 508	192 659	58.1	41.9	460 167

低产、乳腺炎、肠炎、不孕症、肺炎、滑倒卧地不起（劈叉）等是成母牛死淘的主要原因。由表8.10可以看出，上述因素在成母牛死淘原因的头数占比中均超过5%，其中被动淘汰低产占比最高；关节疾病、真胃左方变位、真胃炎、产后瘫痪、蹄病、酮病在死淘原因占比中次之。

表8.10　成母牛的死淘原因统计

死淘原因	牛只（头）	占比（%）
其他	166 061	36.1
低产	42 315	9.1
乳腺炎	32 604	7.1
肠炎	31 035	6.7
不孕症	30 846	6.7
肺炎	27 396	6.0
滑倒卧地不起（劈叉）	26 149	5.7
关节疾病	16 355	3.6
真胃左方变位（LDA）	11 076	2.4
真胃炎	10 638	2.3
产后瘫痪	9 043	2.0
蹄病	8 105	1.8
酮病	7 170	1.6
腹膜炎	6 976	1.5

（续表）

死淘原因	牛只（头）	占比（%）
创伤	6 690	1.4
优秀奶牛出售	5 827	1.3
乳房下垂	5 697	1.2
消化不良	5 694	1.2
子宫肌瘤	5 609	1.2
乳区坏死	4 881	1.1
合计	460 167	100.0

成母牛死淘前最后一次患病的治愈天数存在差异，关节疾病、子宫炎和乳腺炎的治愈天数明显大于其他疾病。由表8.11可以看出，死淘前最后一次患病治愈牛只中，乳腺炎的治愈天数为10.90天；肠炎和肺炎次之，分别为9.28天、8.48天；滑倒卧地不起（劈叉）的治愈天数为8.61天；子宫炎、关节疾病的治愈天数较长，分别为11.51天和13.00天。

表8.11　死淘前最后一次患病治愈牛只头数与治愈天数

疾病名称	治愈牛只（头）	治愈天数（天）
乳腺炎	58 048	10.90
肠炎	9 517	9.28
肺炎	6 998	8.48
滑倒卧地不起（劈叉）	3 670	8.61
子宫炎	15 996	11.51
关节疾病	6 113	13.00
真胃左方变位（LDA）	6 112	9.34
其他	5 089	14.39
酮病	4 446	11.09
蹄底化脓	6 358	12.70

（续表）

疾病名称	治愈牛只（头）	治愈天数（天）
消化不良	6 002	7.38
胎衣不下（正常产）	8 292	9.22
真胃炎	1 849	8.65
产后瘫痪	2 524	6.21
创伤	2 610	10.34
产道拉伤	4 655	8.73
蹄叉炎	4 387	14.06
腹泻	3 091	10.75
血乳	4 610	7.90
腹膜炎	687	9.63

死淘前最后一次患病未治愈牛只与死淘原因一致率较高，治愈牛只一致率低。由图8.29可以看出，死淘前最后一次患病未治愈牛只中，最后一次患病与死淘原因一致的占比较高，达78%，不一致的占比为22%；死淘前最后一次患病治愈牛只中，最后一次患病与死淘原因一致的占比仅13%，不一致的占比达87%。

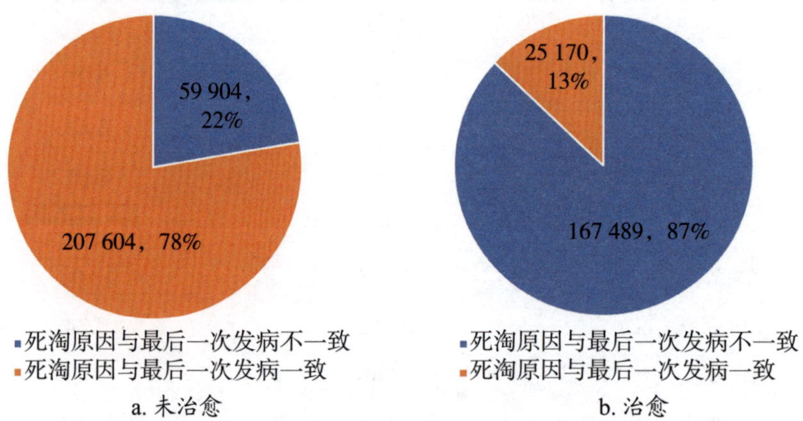

图8.29　最后一次发病与死淘原因一致与否的占比情况

图8.30是死淘前最后一次患病为乳腺炎的牛只与死淘原因一致与否的情况。可以看出，未治愈的牛只中死淘原因为乳腺炎的占比较多，不一致的占比较少，但产后30天内，患病为乳腺炎但死淘原因不是乳腺炎的头数较多；治愈的牛只中死淘原因为乳腺炎的占比较少，不一致的占比较高。说明最后一次患病为乳腺炎的情况，未治愈牛只多数是因为乳腺炎，但治愈牛只中，多数不是因为乳腺炎，说明乳腺炎治愈后再因此淘汰的较少。

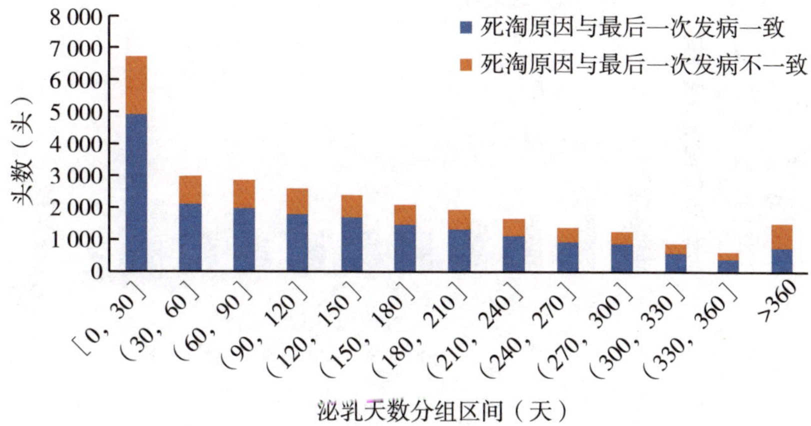

a. 乳腺炎未治愈

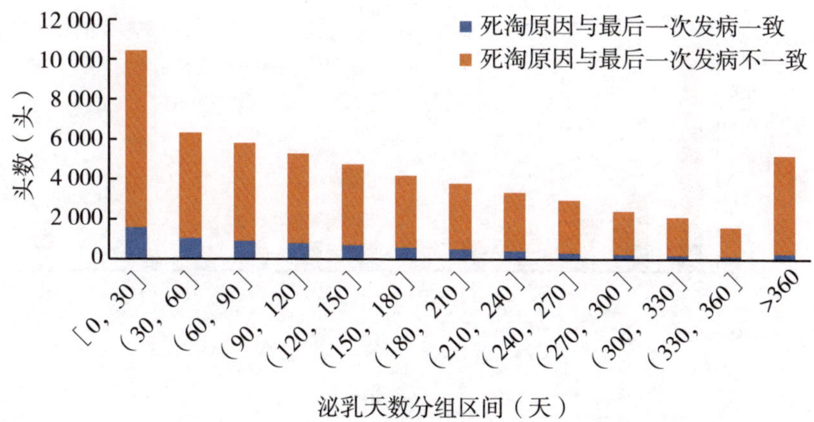

b. 乳腺炎治愈

图8.30　乳腺炎与死淘原因一致与否的头数情况

图8.31是死淘前最后一次患病为肠炎的牛只与死淘原因的一致与否情况。可以看出，未治愈的牛只中死淘原因为肠炎的占比较多，不一致的占比较少；治愈的牛只中死淘原因为肠炎的占比较少，不一致的占比较高，但产后60天内，因肠炎再次被淘汰的牛只较多。说明最后一次发病为肠炎的情况，未治愈牛只大多数也是因为肠炎被淘汰，治愈牛只多数不是因为肠炎被淘汰，但产后60天内，因肠炎再次被淘汰的牛只也较多。

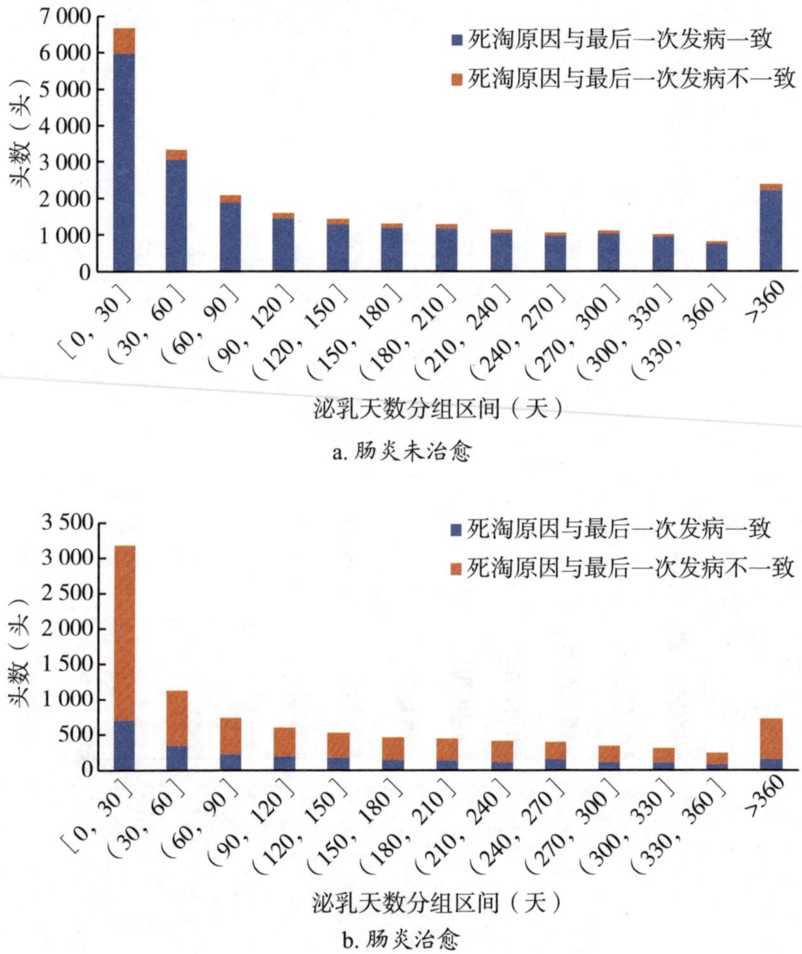

图8.31　肠炎与死淘原因一致与否的头数

图8.32是死淘前最后一次患病为肺炎的牛只与死淘原因的一致与否情况。可以看出，未治愈的牛只中死淘原因为肺炎的占比较多，不一致的占比较少；治愈的牛只中死淘原因为肺炎的占比较少，不一致的占比较高，但产后30天内，因肺炎再次被淘汰的牛只也较多。说明最后一次患病为肺炎的情况，未治愈牛只大多数是因为肺炎被淘汰，但治愈牛只中多数不是因为肺炎被淘汰，但产后30天内，因肺炎再次被淘汰的牛只也较多。

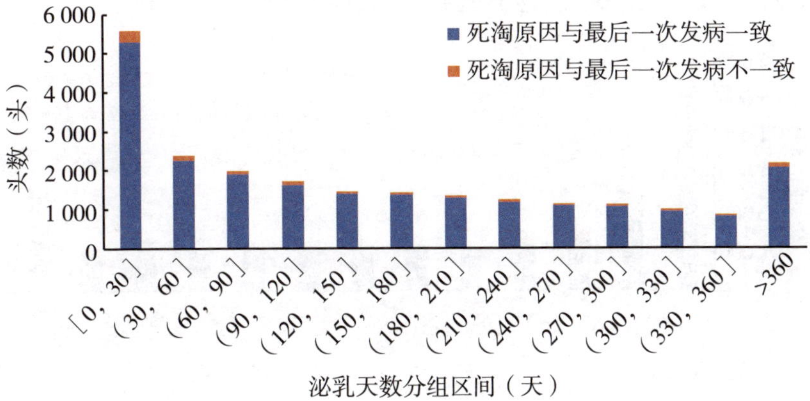

a. 肺炎未治愈

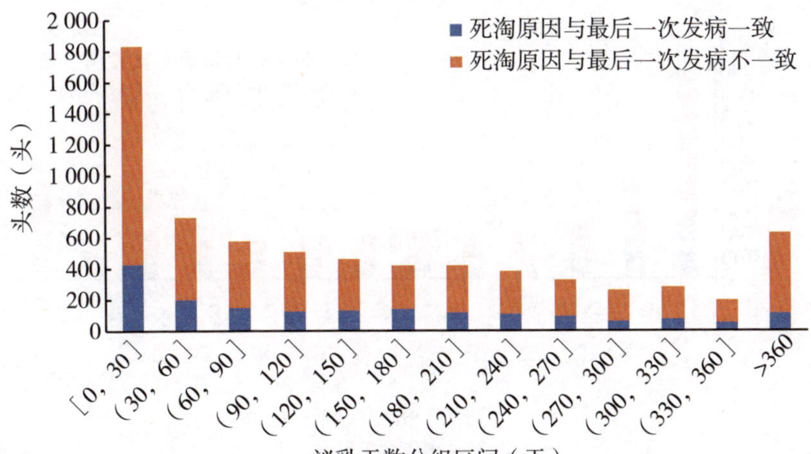

b. 肺炎治愈

图8.32　肺炎与死淘原因一致与否的头数

图8.33是死淘前最后一次患病为滑倒卧地不起的牛只与死淘原因的一致与否情况。可以看出，未治愈的牛只中死淘原因为滑倒卧地不起的占比较多，不一致的占比较少；治愈的牛只中死淘原因为滑倒卧地不起的占比较少，不一致的占比较高，但产后60天内，因滑倒卧地不起再次被淘汰的牛只也较多。说明最后一次患病为滑倒卧地不起的情况，未治愈牛只大多数是因为滑倒卧地不起被淘汰，但治愈牛只中多数不是因为滑倒卧地不起被淘汰，但产后60天内，因滑倒卧地不起再次被淘汰的牛只也较多。

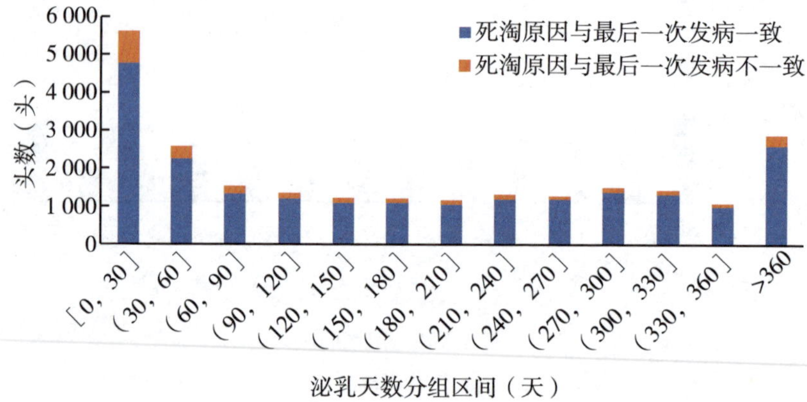

a. 滑倒卧地不起未治愈

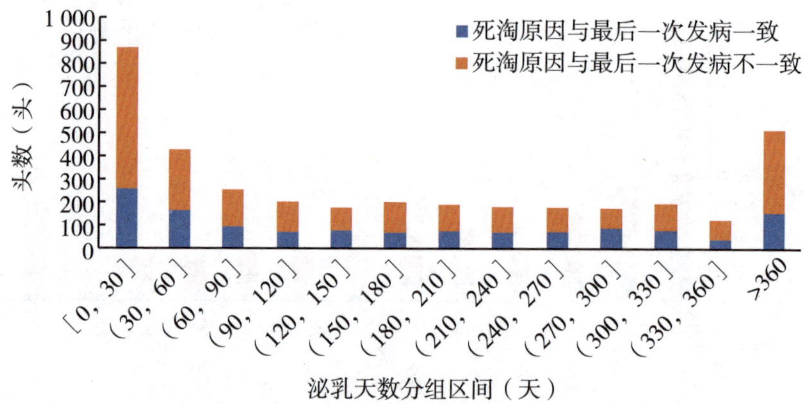

b. 滑倒卧地不起治愈

图8.33　滑倒卧地不起与死淘原因一致与否的头数

图8.34是死淘前最后一次患病为子宫炎的牛只与死淘原因的一致与否情况。可以看出，未治愈的牛只中死淘原因为子宫炎的占比较多，不一致的占比也较多，几乎各占一半；治愈的牛只中死淘原因为子宫炎被淘汰的占比较少，不一致的占比较高。子宫炎发病多在产后30天内。

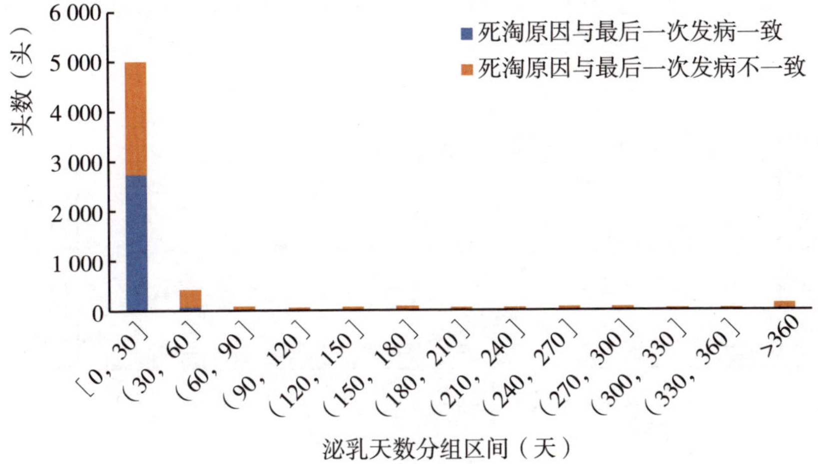

a. 子宫炎未治愈

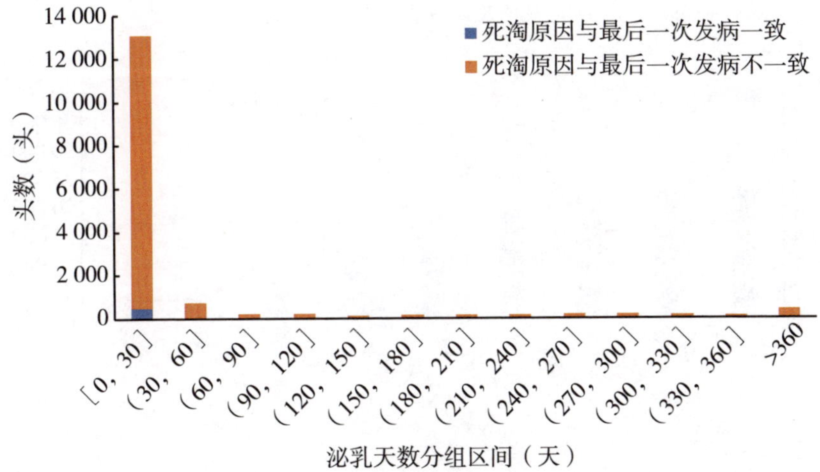

b. 子宫炎治愈

图8.34　子宫炎与死淘原因一致与否的头数

2. 死淘前最后一次发病至死淘间天数

图8.35是死淘前最后一次患病未治愈至死淘的间隔天数情况。可以看出，未治愈牛只死淘原因与患病不一致的，发病至死淘间隔天数多数在20天以内，其中乳腺炎、低产、不孕症的间隔天数较长；未治愈牛只死淘原因与发病一致的，发病至死淘天数多在8天内，即未治愈牛只死淘原因和发病是一致的，发病至死淘天数较短。

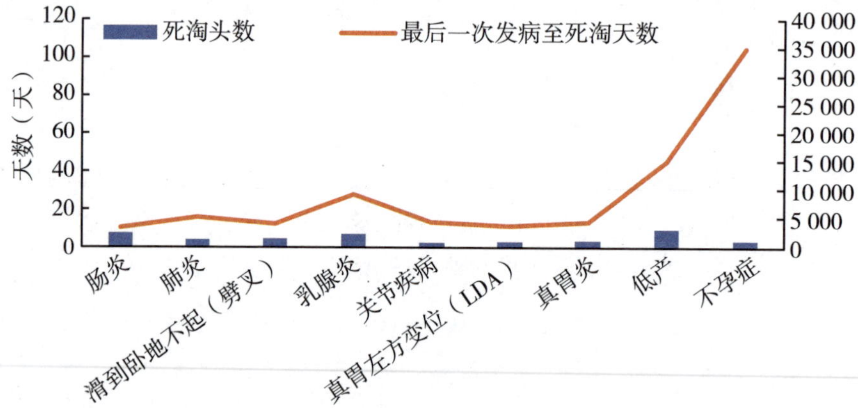

a. 死淘原因与最后发病不一致

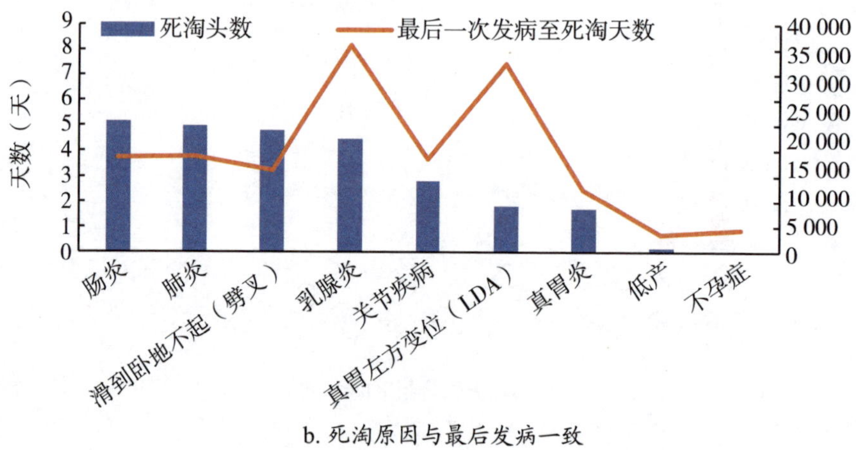

b. 死淘原因与最后发病一致

图8.35　死淘原因与最后一次未治愈发病的间隔天数

图8.36是死淘前最后一次患病治愈至死淘的间隔天数情况。可以看出，治愈牛只死淘原因与发病不一致的，发病至死淘天数较高，多数在100天以上，其中低产、不孕症、乳腺炎、肺炎、滑倒卧地不起的间隔天数较长；治愈牛只死淘原因与发病一致的头数较少，但发病至死淘天数多在30天内，说明治愈牛只因重复发病死淘的牛只较少，且间隔天数较短。

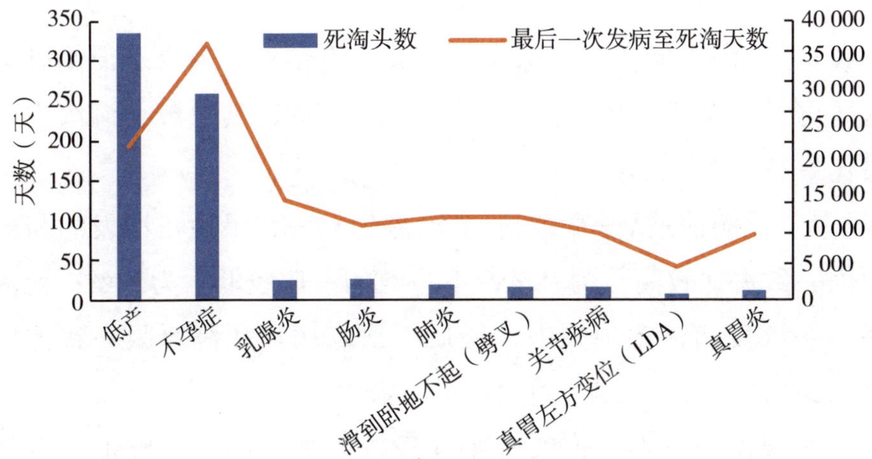

a. 死淘原因与最后发病不一致

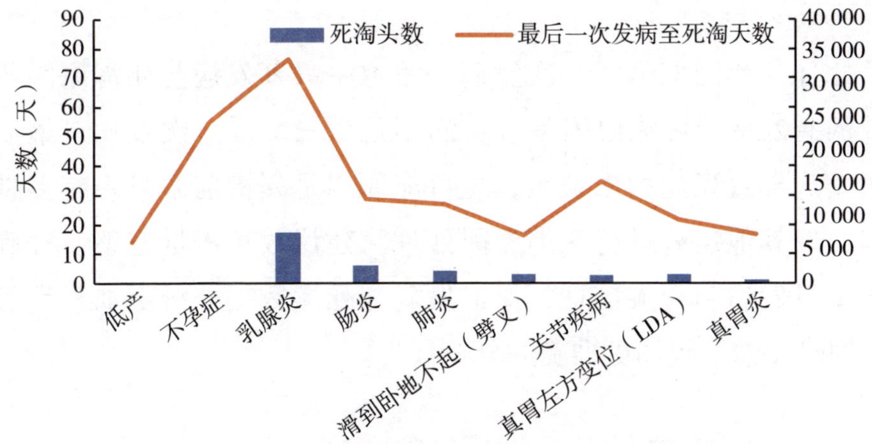

b. 死淘原因与最后发病一致

图8.36 死淘原因与最后一次发病治愈的间隔天数

3. 总结

通过统计分析成母牛最后一次发病与死淘原因之间的关系，结果如下。

（1）死淘前乳腺炎、肠炎、肺炎、滑倒卧地不起（劈叉）、子宫炎、关节疾病等发病头数较多，其中乳腺炎、子宫炎治愈率较高，肠炎、肺炎、滑倒卧地不起（劈叉）、关节疾病治愈率较低。

（2）死淘中低产、乳腺炎、肠炎、不孕症、肺炎、滑倒卧地不起（劈叉）等为主要原因，占比均超过5%，其中被动淘汰中低产占比最高。

（3）死淘前最后一次发病未治愈牛只中，最后一次发病与死淘原因一致占比较高，为78%，不一致的占比较低，为22%；死淘前最后一次发病治愈牛只中，最后一次发病与死淘原因一致占比较低，为13%，不一致的占比较高，为87%。

由此提示牧场在生产管理中注重乳腺炎、肠炎、肺炎、滑倒卧地不起（劈叉）、子宫炎和关节疾病发病牛只，提高治愈率，减少因以上疾病死淘牛只。

此外，死淘前最后一次发病未治愈牛只其发病与死淘原因不一致的有22%，可能原因是该疾病不是牛只最后一次发病，最后一次发病导致死淘的未录入，也可能原因是死淘前牛只患有多种疾病，以其他疾病进行死淘原因处理。建议牧场尽量完整、准确录入牛只发病和死淘信息，保证发病与死淘数据分析更加真实可靠，同时反馈给牧场更准确的分析报告。

专题四：不同月份天气情况及牧场所属温度带与成母牛主要疾病发病率关系的分析报告

本专题重点研究不同月份天气情况及牧场所属温度带与成母牛主要疾病发病率（次数）之间的关系，主要对不同月份天气情况、牧场所属温度带等与乳腺炎、蹄病、子宫炎、胎衣不下、真胃移位、蹄病、产后瘫痪等疾病的发病情况进行分析，以便读者对不同月份及天气情况下成母牛主要疾病的发病次数、发病率有所了解。本专题数据基于一牧云（YIMUCloud）“牧场生产管理与服务支撑系统”，其中成母牛发病区间为2021年1月1日至2021年12月21日（12月22—31日无发病数据），发病时泌乳天数大于等于0天，共计435 883头成母牛的数据用于分析。

健康关键指标（乳腺炎、蹄病、胎衣不下、子宫炎、酮病、真胃移位、产后瘫痪）均来自一牧云“牧场生产管理与服务支撑系统”月度关键指标，统计月度为2021年1—12月。数据筛选与算法说明：筛选月度健康关键指标范围（0%，60%），在此基础上保证每个牧场每个指标至少有6个月对应数据进行分析，得到21个省份223个牧场样本。

气象数据来源：2021年1—12月温度数据来源天气后报（http://www.tianqihoubao.com/lishi/index.htm），用各省省会、自治区首府、直辖市、特别行政区的气温和天气情况数据代表各省、自治区、直辖市、特别行政区。牧场所属温度带主要有三个，其中中温带包括黑龙江省、吉林省、辽宁省、内蒙古自治区、宁夏回族自治区、新疆维吾尔自治区，暖温带包括北京市、甘肃省、河北省、河南省、山东省、山西省、陕西省、天津市，亚热带包括安徽省、澳门特别行政区、福建省、广东省、广西壮族自治区、贵州省、湖北省、湖南省、江苏省、江西省、上海市、四川省、台湾省、香港特别行政区、云南省、浙江省、重庆市。

1. 不同月份下成母牛主要疾病发病次数

表8.12是不同月份牛只主要疾病的发病次数。可以看出，2021年7—10月牛只的发病次数最多（超过4万次），1—4月、12月牛只的发病次数相对较少（3.5万次以内）；整体看6—11月46种疾病（含其他病）的发病次数比1—5月和12月多，尤其8月最多，其中乳腺炎的发病次数超过1万次。

表8.12　不同月份牛只疾病的发病次数　　单位：次

类型	疾病名称	月份												总计
		1	2	3	4	5	6	7	8	9	10	11	12	
代谢病	酮病	1 086	1 394	1 574	1 429	1 804	2 146	2 590	2 033	1 323	976	844	408	17 607
	真胃左方变位（LDA）	1 085	941	907	800	817	945	866	962	806	902	750	513	10 294
	产后瘫痪	556	434	490	481	451	436	449	508	504	560	555	439	5 863
	真胃右方变位（RDA）	181	185	227	184	210	240	268	274	220	205	187	188	2 569
	瘤胃酸中毒	123	127	161	228	161	142	167	189	144	212	163	135	1 952
呼吸疾病	肺炎	1 235	1 021	1 296	1 265	1 176	1 114	1 304	1 255	1 077	1 068	1 178	861	13 850
	感冒	335	216	414	334	485	692	950	904	787	807	650	431	7 005
	气管炎	101	88	101	98	79	87	121	112	110	114	95	75	1 181
其他病	其他	1 642	1 434	1 517	1 389	1 251	1 191	1 499	1 249	1 306	1 213	1 086	579	15 356
	关节疾病	733	543	589	521	665	606	842	903	754	700	651	461	7 968
	意外损伤	49	56	36	41	64	40	52	46	47	54	57	44	586
乳房疾病	乳腺炎	8 323	6 983	7 771	6 960	7 294	7 763	9 497	10 148	8 874	8 495	7 854	4 777	94 739
	血乳	983	820	1 081	1 005	1 038	1 105	1 172	1 278	1 169	1 384	1 375	817	13 227
	乳房创伤	201	163	218	220	169	165	172	160	143	147	168	98	2 024
	乳房水肿	61	57	61	94	87	105	85	72	100	91	211	94	1 118
生殖系统疾病	子宫炎	4 140	3 765	4 017	3 405	4 315	5 431	6 178	5 638	4 816	5 283	4 907	3 620	55 515
	产道拉伤	765	642	589	563	768	839	933	1 080	976	979	955	639	9 728
	产道损伤	153	124	339	175	451	449	305	283	244	279	239	157	3 198
	早产与流产	92	80	95	84	100	117	48	71	66	65	55	30	903
胎衣不下	胎衣不下（正常产）	1 974	1 824	2 064	1 895	2 718	3 149	3 426	2 927	2 814	2 487	2 332	1 542	29 152
	胎衣不下（早产、流产）	185	189	315	317	403	424	378	410	379	437	396	245	4 078
蹄病	蹄病	637	419	773	892	854	500	938	1 246	1 368	2 002	1 685	728	12 042
	蹄底化脓	479	324	360	355	280	341	461	829	898	1 133	790	357	6 607
	疣状皮炎	523	324	375	339	464	475	332	598	871	528	550	353	5 732
	蹄叉炎	413	468	498	400	422	324	412	497	488	408	427	272	5 029
	蹄叶炎	436	176	180	217	257	271	316	447	532	408	332	246	3 818
	蹄瘘	302	137	102	168	220	150	176	197	415	331	284	137	2 619
	白线病	67	86	120	71	140	150	196	199	210	133	92	52	1 516
	变形蹄	105	45	106	63	80	62	44	143	154	267	206	97	1 372
	蹄冠化脓	118	130	106	62	45	49	53	154	69	111	93	52	1 042
	蹄间增生	172	114	37	61	87	39	57	70	83	75	84	49	928
	指（趾）间部蜂窝织炎	34	17	10	64	59	64	70	54	33	39	78	77	599
外科疾病	滑倒卧地不起（劈叉）	809	543	679	843	969	860	827	843	840	979	836	558	9 586
	创伤	288	287	398	487	573	552	433	476	440	480	408	246	5 068
	脓肿	115	106	113	128	139	119	128	129	133	112	108	83	1 413
	皮下气肿	38	44	34	29	46	51	112	84	87	64	65	47	701

消化病	肠炎	1 406	1 335	1 367	1 327	1 482	1 451	1 532	1 774	1 770	1 854	1 874	1 284	18 456
	消化不良	1 126	1 177	1 320	1 372	1 368	1 581	1 759	1 712	1 888	1 595	1 719	1 211	17 828
	腹泻	835	731	815	797	790	858	972	1 022	836	1 144	1 015	623	10 438
	前胃弛缓	500	509	618	639	651	712	633	630	671	788	650	478	7 479
	真胃炎	407	337	395	407	438	404	488	485	463	503	481	362	5 170
	瘤胃鼓气	440	347	325	353	315	287	285	284	306	346	415	283	3 986
	真胃阻塞	141	124	135	106	126	122	155	189	186	162	184	153	1 783
	瘤胃积食	121	102	137	127	142	135	111	185	171	158	160	100	1 649
	腹膜炎	81	103	115	101	87	107	113	91	103	105	115	80	1 201
	瓣胃阻塞	50	65	94	87	81	74	98	104	104	77	89	64	987
	其他合计	822	1 029	813	894	889	846	970	998	988	985	990	697	10 921
	总计	34 468	30 165	33 887	31 877	35 510	37 770	42 973	43 942	40 766	41 245	38 438	24 842	435 883

表8.13是根据2021年不同月份疾病发病总次数排序，筛选出了发病次数较多的前13个疾病。可以看出，乳腺炎发病次数最多，子宫炎次之，主要疾病主要集中在6—11月发病，12月发病次数最少（12月数据于12月21日截止，这可能是造成发病次数最少的原因之一）。

表8.13　不同月份牛只常见疾病发病次数　　单位：次

类型	疾病名称	月份												总计
		1	2	3	4	5	6	7	8	9	10	11	12	
乳房疾病	乳腺炎	8 323	6 983	7 771	6 960	7 294	7 763	9 497	10 148	8 874	8 495	7 854	4 777	94 739
生殖系统疾病	子宫炎	4 140	3 765	4 017	3 405	4 315	5 431	6 178	5 638	4 816	5 283	4 907	3 620	55 515
胎衣不下	胎衣不下（正常产）	1 974	1 824	2 064	1 895	2 718	3 149	3 426	2 927	2 814	2 487	2 332	1 542	29 152
消化病	肠炎	1 406	1 335	1 367	1 327	1 482	1 451	1 532	1 774	1 770	1 854	1 874	1 284	18 456
	消化不良	1 126	1 177	1 320	1 372	1 368	1 581	1 759	1 712	1 888	1 595	1 719	1 211	17 828
代谢病	酮病	1 086	1 394	1 574	1 429	1 804	2 146	2 590	2 033	1 323	976	844	408	17 607
其他病	其他	1 642	1 434	1 517	1 389	1 251	1 191	1 499	1 249	1 306	1 213	1 086	579	15 356
呼吸疾病	肺炎	1235	1 021	1 296	1 265	1 176	1 114	1 304	1 255	1 077	1 068	1 178	861	13 850
乳房疾病	血乳	983	820	1 081	1 005	1 038	1 105	1 172	1 278	1 169	1 384	1 375	817	13 227
蹄病	蹄病	637	419	773	892	854	500	938	1 246	1 368	2 002	1 685	728	12 042
其他	其他合计	822	1 029	813	894	889	846	970	998	988	985	990	697	10 921
消化病	腹泻	835	731	815	797	790	858	972	1 022	836	1 144	1 015	623	10 438
代谢病	真胃左方变位（LDA）	1 085	941	907	800	817	945	866	962	806	902	750	513	10 294
生殖系统疾病	产道拉伤	765	642	589	563	768	839	933	1 080	976	979	955	639	9 728
外科疾病	滑倒卧地不起（劈叉）	809	543	679	843	969	860	827	843	840	979	836	558	9 586

2. 不同月份主要疾病发病率变化

不同月份乳腺炎、蹄病的发病次数与发病率趋势基本一致。由图8.37可以看出，乳腺炎和蹄病发病次数高的月份发病率也相应高，其中乳腺炎的发病次数和发病率最高均在7—8月，蹄病的发病次数和发病率最高均在8—11月。

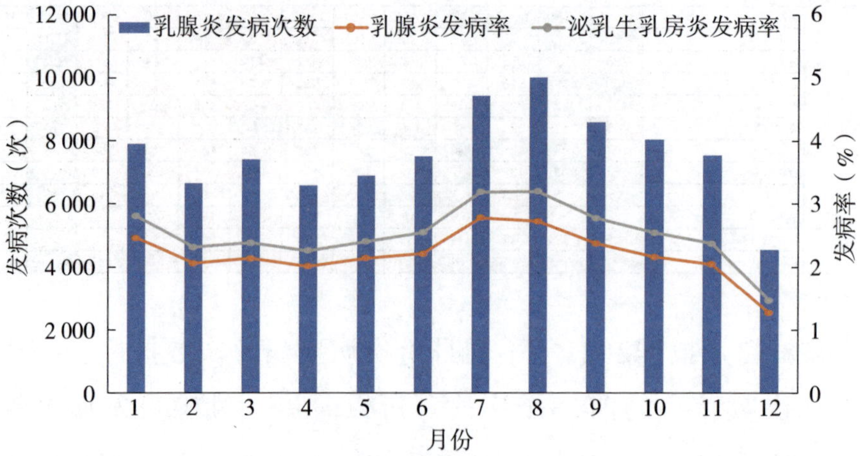

a. 乳腺炎

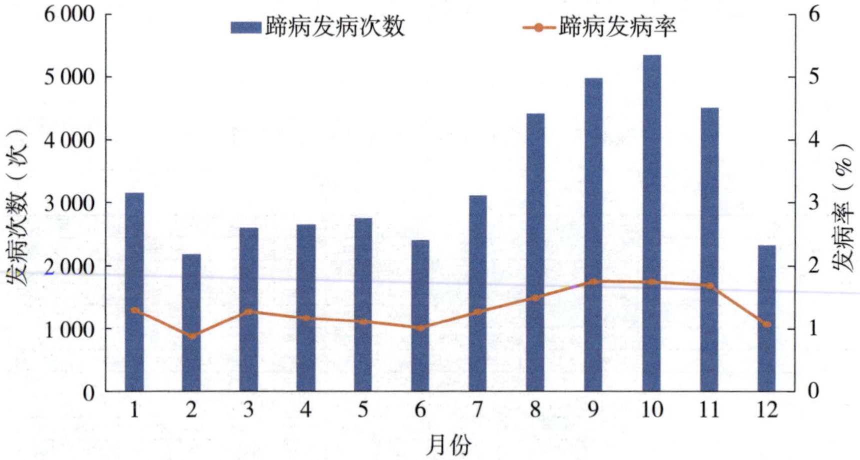

b. 蹄病

图8.37　不同月份乳腺炎、蹄病的发病次数与发病率

不同月份子宫炎、胎衣不下发病次数与发病率趋势存在差异。由图8.38可以看出，部分月份子宫炎、胎衣不下的发病次数与发病率趋势基本吻合，部分月份发病次数高，但发病率较低；其中子宫炎的发病次数最高在7月（发病率也较高），发病率最高在2月（但发病次数较少），胎衣不下的发病次数最高在7月（发病率也较高），发病率最高在6月（但发病次数较7月略低）。

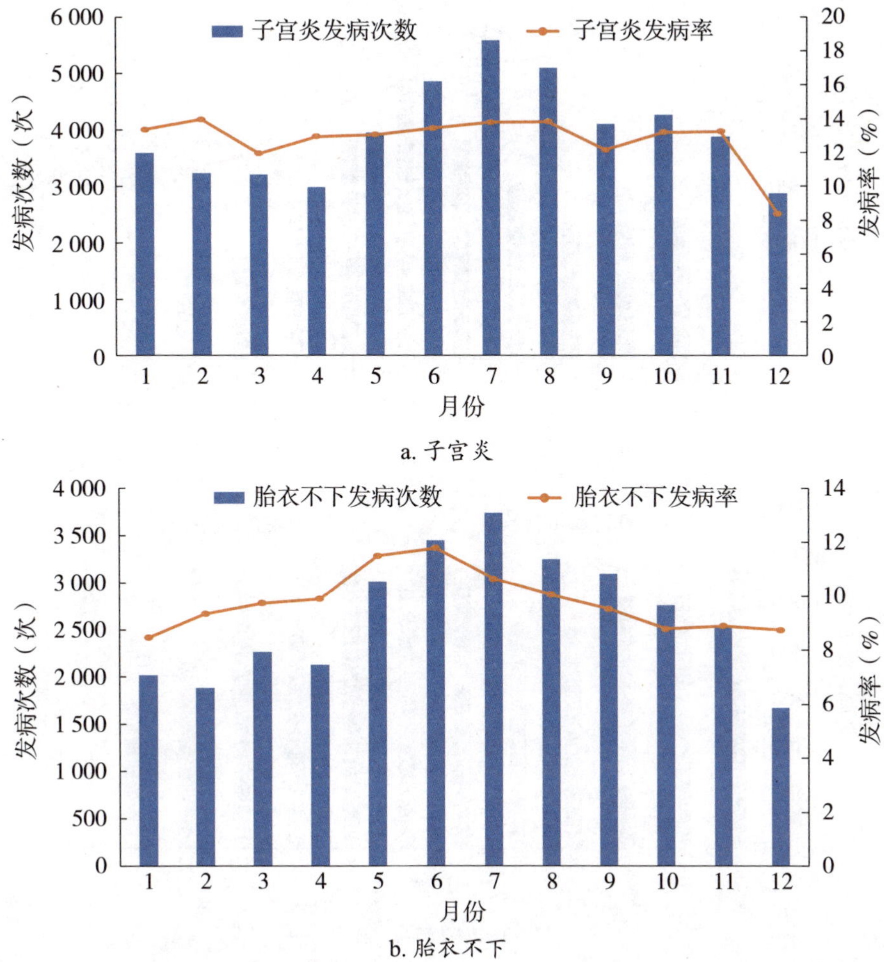

图8.38　不同月份子宫炎、胎衣不下的发病次数与发病率变化

不同月份酮病、真胃移位、产后瘫痪的发病次数与发病率趋势差异较大。由图8.39可以看出，多数月份疾病的发病次数高，但发病率较低；其中酮病的发病次数最高在7月（发病率较高，但不是最高），发病率最高在4月（但发病次数较少），真胃移位的发病次数最高在8月（发病率较低），发病率最高在4月（但发病次数较低），产后瘫痪的发病次数最高在1月（发病率略低），发病率最高在12月（但发病次数较低）。

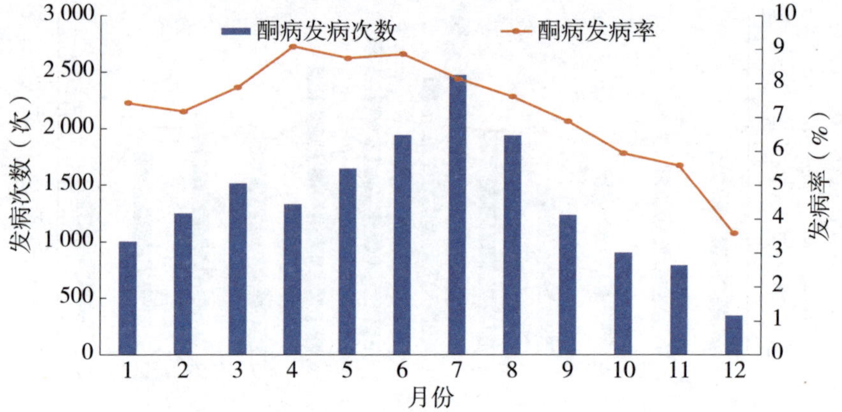

a. 酮病

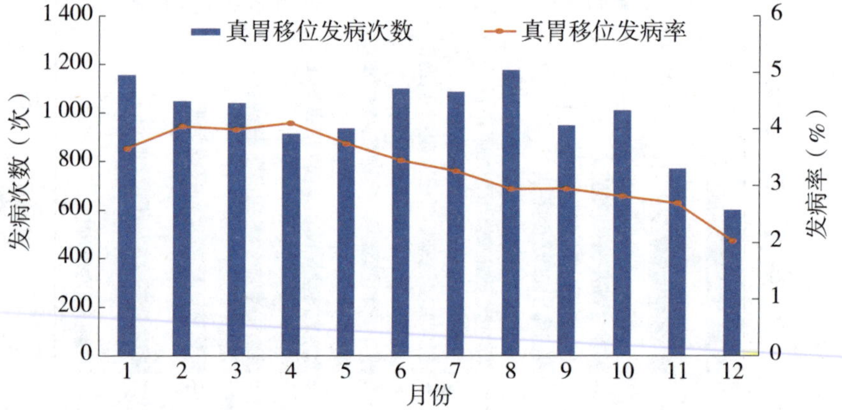

b. 真胃移位

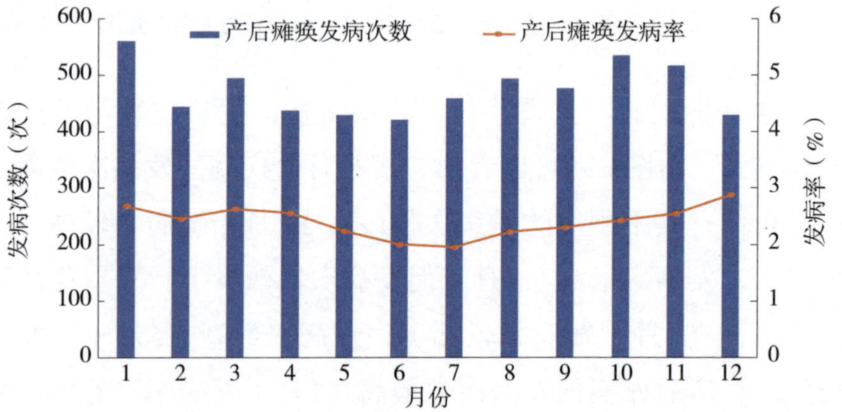

c. 产后瘫痪

图8.39　不同月份酮病、真胃移位、产后瘫痪的发病次数与发病率变化

3. 牧场所属温度带各月份及天气情况与成母牛月度健康指标关系

根据温度带统计各月份白天和夜间天气情况，由表8.14可以看出中温带白天和夜间主要天气情况为晴天第一（42.9%～44.2%），多云第二（33.2%～35.1%），下雨第三（12.5%～15.6%），6—8月白天下雨明显增多（占比31.0%以上），夜间多为多云（占比33.0%以上）。

表8.14　中温带白天和夜间主要天气情况　　单位：%

月份	白天天气情况						月份	夜间天气情况					
	雨	阴	雪	晴	其他	多云		雨	阴	雪	晴	其他	多云
1	0.0	0.5	11.3	53.2	1.6	33.3	1	0.5	1.1	10.2	58.6	1.6	28.0
2	1.2	2.4	10.7	56.5	0.6	28.6	2	0.0	4.2	6.0	50.6	1.2	38.1
3	8.1	4.8	7.5	38.2	2.2	39.2	3	7.0	5.9	5.9	48.4	1.1	31.7
4	15.6	7.8	1.7	42.8	2.2	30.0	4	12.8	6.7	1.7	42.8	1.7	34.4
5	19.4	0.5	0.0	37.1	1.1	41.9	5	16.1	2.2	0.0	39.8	0.5	41.4
6	37.5	0.0	0.0	35.4	0.0	27.1	6	28.1	1.6	0.0	37.0	0.0	33.3
7	31.7	1.6	0.0	31.2	0.0	35.5	7	21.0	1.6	0.0	28.0	0.0	49.5
8	37.1	1.6	0.0	23.1	0.5	37.6	8	27.4	4.3	0.0	31.2	0.0	37.1
9	23.9	5.0	0.0	33.9	0.0	37.2	9	21.7	7.2	0.0	32.8	0.0	38.3
10	9.1	7.5	2.2	47.8	0.0	33.3	10	11.8	6.5	3.2	48.9	0.0	29.6
11	1.1	0.6	18.9	50.0	0.6	28.9	11	1.7	2.2	15.6	51.1	0.0	29.4
12	0.5	2.2	5.4	66.7	0.0	25.3	12	0.5	2.2	5.4	61.8	0.0	30.1
总计	15.6	2.9	4.7	42.9	0.7	33.2	总计	12.5	3.8	4.0	44.2	0.5	35.1

资料来源：天气后报（http://www.tianqihoubao.com/lishi/index.htm）。

由表8.15可以看出，暖温带白天和夜间主要天气情况也为晴天第一（36.7%～37.2%），多云第二（31.4%～32.1%），下雨第三（16.9%～17.4%），7—9月白天下雨比较多（占比为24.6%～42.7%），夜间多为多云（占比为26.3%～37.1%）。

由表8.16可以看出，亚热带白天和夜间主要天气情况为多云第一（36.4%～37.7%），下雨第二（32.1%～35.0%），晴天第三（16.7%～17.2%），3—10月白天下雨比较多（占比为33.0%以上），夜间多为多云（占比为32.0%以上），其中5—8月白天下雨占比高达40.0%以上，下雨非常频繁。

表8.15 暖温带白天和夜间主要天气情况

单位：%

月份	白天天气情况						月份	夜间天气情况					
	雨	阴	雪	晴	其他	多云		雨	阴	雪	晴	其他	多云
1	0.4	9.7	1.6	54.0	0.8	33.5	1	0.8	8.5	0.4	53.6	0.4	36.3
2	5.8	9.4	2.7	51.8	0.0	30.4	2	6.7	11.2	3.6	51.3	0.4	26.8
3	12.1	16.5	1.2	30.2	7.3	32.7	3	9.3	19.8	0.8	33.9	1.6	34.7
4	18.8	17.5	0.0	27.1	2.5	34.2	4	19.2	14.6	0.8	29.2	1.7	34.6
5	12.5	10.5	0.0	36.7	3.6	36.7	5	13.3	9.3	0.0	40.7	1.6	35.1
6	22.3	11.3	0.0	25.4	0.4	40.6	6	21.5	13.3	0.0	27.0	0.0	38.3
7	42.7	8.5	0.0	17.3	0.0	31.5	7	38.7	8.5	0.0	18.5	0.0	34.3
8	24.6	16.9	0.0	18.1	0.0	40.3	8	25.8	18.5	0.0	18.5	0.0	37.1
9	35.8	9.2	0.0	35.4	0.4	19.2	9	30.4	12.5	0.0	30.8	0.0	26.3
10	20.6	17.7	0.0	29.0	0.4	32.3	10	25.0	13.3	0.0	29.8	0.8	31.0
11	9.2	7.5	3.3	58.8	1.7	19.6	11	8.3	10.4	2.1	55.8	1.3	22.1
12	2.8	10.9	2.0	58.9	0.4	25.0	12	2.8	8.1	2.4	58.5	0.8	27.4
总计	17.4	12.2	0.9	36.7	1.5	31.4	总计	16.9	12.3	0.8	37.2	0.7	32.1

资料来源：天气后报（http://www.tianqihoubao.com/lishi/index.htm）。

表8.16 亚热带白天和夜间主要天气情况

单位：%

月份	白天天气情况						月份	夜间天气情况					
	雨	阴	雪	晴	其他	多云		雨	阴	雪	晴	其他	多云
1	14.3	16.7	1.2	29.6	0.0	38.1	1	15.7	19.2	2.0	27.8	0.0	35.3
2	23.0	12.3	0.0	25.0	0.0	39.7	2	23.9	13.2	0.0	26.8	0.0	36.2
3	33.1	19.6	0.0	13.9	0.0	33.5	3	38.7	15.3	0.0	13.7	0.0	32.3
4	37.3	19.4	0.0	12.1	0.0	31.3	4	38.3	15.4	0.0	12.1	0.0	34.2
5	42.1	11.7	0.0	9.7	0.0	36.5	5	41.7	12.9	0.0	9.1	0.0	36.3
6	54.7	6.6	0.0	10.7	0.0	27.9	6	47.9	7.2	0.0	12.1	0.0	32.8
7	46.2	3.0	0.0	12.1	0.0	38.7	7	37.3	5.6	0.0	14.9	0.0	42.1
8	61.9	4.6	0.0	6.7	0.0	26.8	8	41.7	9.9	0.0	10.9	0.0	37.5
9	34.2	3.5	0.0	20.2	0.0	42.1	9	22.7	7.5	0.0	22.1	0.0	47.7
10	34.3	15.9	0.0	12.1	0.0	37.7	10	34.3	16.7	0.0	13.1	0.0	35.9
11	21.7	12.7	0.0	21.0	0.0	44.6	11	25.6	12.1	0.2	21.0	0.0	41.0
12	14.9	14.9	1.2	27.8	0.0	41.1	12	15.5	18.3	0.8	23.8	0.0	41.5
总计	35.0	11.7	0.2	16.7	0.0	36.4	总计	32.1	12.8	0.3	17.2	0.0	37.7

资料来源：天气后报（http://www.tianqihoubao.com/lishi/index.htm）。

由图8.40可以看出，中温带地区1月、7—8月乳腺炎（泌乳牛、成母牛）的发病率较高，其他月份较低；3月、9—11月蹄病的发病率较高，但基本保持在2%以内。暖温带地区7—10月乳腺炎（泌乳牛、成母牛）的发病率较高，其他月份较低；1月、9—11月蹄病的发病率较高，但基本也保持在2%以内。亚热带地区1—10月乳腺炎（泌乳牛、成母牛）的发病率较高（均超过3%）；7—11月蹄病的发病率较高（均超过3%）。结合表8.14至表8.16，乳腺炎多发生在环境温度高、多雨的月份，蹄病多发生在环境温度高、多雨月份之后的1～2个月。可能原因是温度高、多雨的月份，细菌容易在环境中滋生，通过粪污粘到奶牛体表或乳头，导致乳房容易感染；奶牛肢蹄在高温和多雨月份（6—9月），长期处于湿热环境，再加上喷淋，蹄子长期浸泡在粪污中，受凉水喷淋，环境对肢蹄的影响延后1—2个月（进入9—11月呈现蹄病高发），蹄病高发，关节疾病也较多。

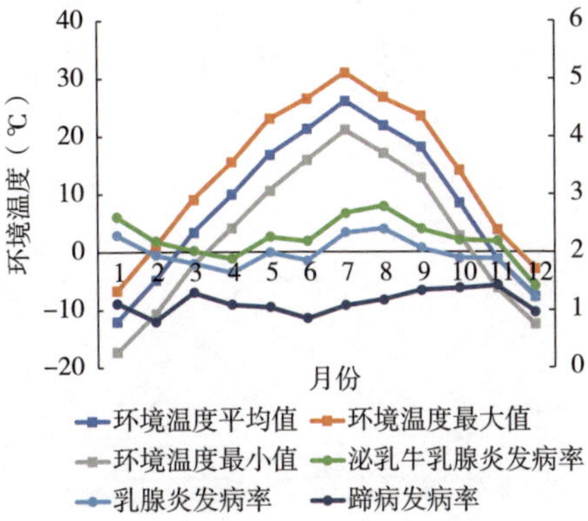

a. 中温带

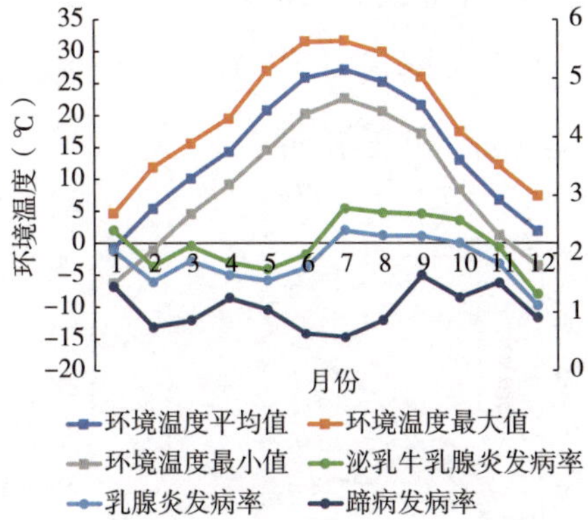

b. 暖温带

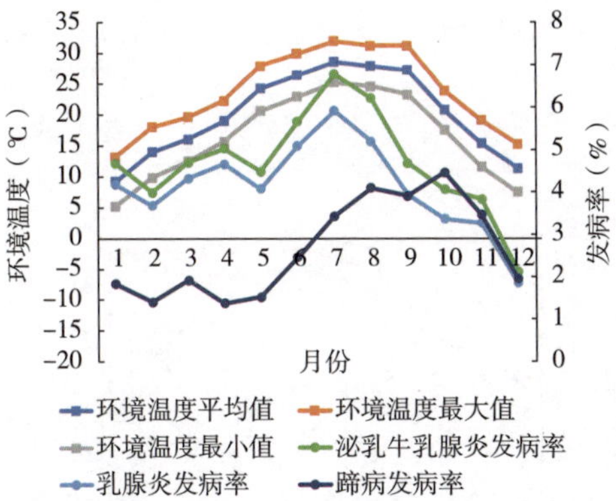

c. 亚热带

图8.40 不同温度带各月份乳腺炎、蹄病的发病率与环境温度变化

（资料来源：天气后报http://www.tianqihoubao.com/lishi/index.htm）

不同温度带各月份胎衣不下和子宫炎发病率存在差异。由图8.41可以看出，中温带地区5—6月胎衣不下的发病率较高（超过10%），其他月份较低（低于10%），1—2月、4—11月子宫炎的发病率较高（超过13%）；暖温带地区2—7月胎衣不下的发病率较高（超过10%），2月、6—7月子宫炎的发病率较高（超过12%）；亚热带地区1—2月胎衣不下的发病率较高（均超过10%），其中5—7月高达15%以上，除3月、9—10月、12月子宫炎的发病率低于11%外，其余月份均超过11%。奶牛胎衣不下在亚热带的发病率高于中温带和暖温带，奶牛子宫炎在中温带发病率高于亚热带和暖温带。

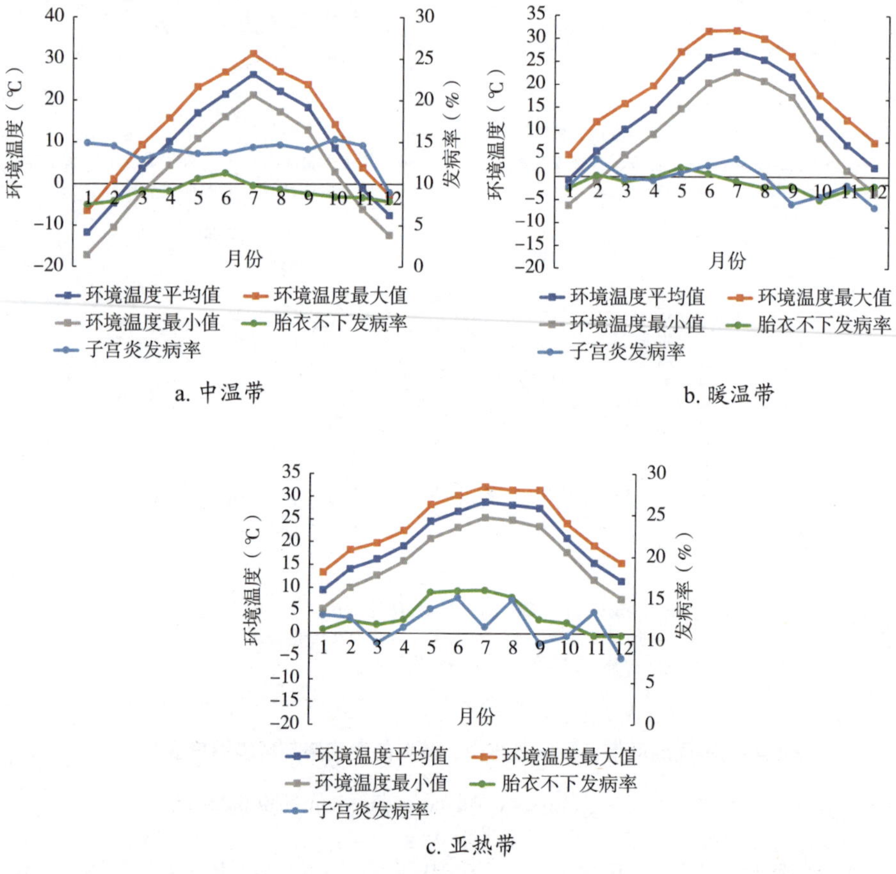

a. 中温带

b. 暖温带

c. 亚热带

图8.41　不同温度带各月份胎衣不下、子宫炎发病率随环境温度变化

由图8.42可以看出，中温带地区1—11月酮病的发病率较高（超过5%），产后瘫痪的发病率较低（3%以内），1—6月真胃移位的发病率较高（3%以上），7—12月发病率较低；暖温带地区2—11月酮病的发病率较高（超过5%），产后瘫痪的发病率较低（3%以内，除12月外），1—11月真胃移位的发病率较高（3%以上），12月发病率较低；亚热带地区1—11月酮病的发病率较高（超过7%，尤其1—9月高达10%以上），产后瘫痪的发病率较低

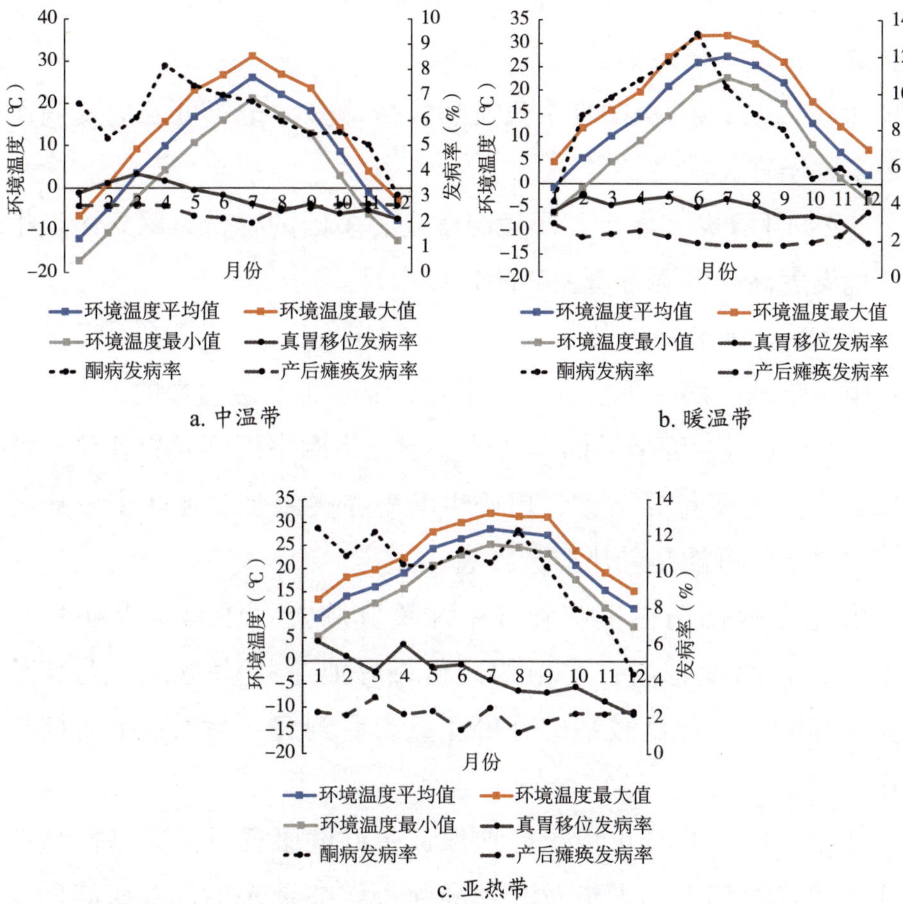

图8.42　不同温度带各月份真胃移位、酮病、产后瘫痪的发病率随环境温度变化

（3%以内，除3月份外），1—10月真胃移位的发病率较高（3%以上），11—12月发病率较低。结合表8.14至表8.16，代谢率疾病真胃移位、产后瘫痪在不同温度带不同天气情况下发病率差异不大，但奶牛酮病在暖温带、亚热带发病率高于中温带，可能是受热应激影响，采食量下降，产后能量负平衡，导致酮病的发病次数较高。

4. 总结

通过统计分析不同月份天气情况与成母牛主要疾病发病率（次数）关系，结果如下。

（1）2021年7—10月牛只发病次数最多，全年乳腺炎发病次数最多，子宫炎次之。

（2）乳腺炎多发生在环境温度高、多雨的月份，蹄病多发生在环境温度高、多雨月份之后的1～2个月。

（3）亚热带地区奶牛胎衣不下发病率高于中温带、暖温带的；中温带地区奶牛子宫炎发病率高于亚热带、暖温带的。

（4）不同温度带不同天气情况下，代谢率疾病真胃移位、产后瘫痪在发病率差异不大，但奶牛酮病在暖温带、亚热带发病率高于中温带，可能是受热应激影响。

由此提示牧场在生产管理中注重乳腺炎、子宫炎发病牛只的治疗；在温度较高且多雨的月份做好奶牛疾病防控，尤其乳腺炎、蹄病；在温度较高的月份注重产后酮病、胎衣不下防控与治疗。

使用一牧云系统可以更好地保证牛群健康资料的完整性与准确性，建议牧场工作人员及时、准确、详细录入牛只发病信息、治疗用药信息和治愈日期，以便准确及时地分析牛只发病规律，从而为兽医做出更好的防控与治疗方案提供有效的数据支撑。

专题五：不同公牛女儿305天校正产奶量及泌乳特征分析

本专题主要基于对不同产奶量遗传性能的公牛进行统计，并对其女儿（雌性后代）不同胎次305天校正产奶量、高峰奶量、高峰泌乳天数等开展研究，以便行业对不同产奶量育种值、预测传递力的公牛遗传给女儿后的产奶表现有所了解。

本专题数据来源于一牧云（YIMUCloud）“牧场生产管理与服务支撑系统”，在1 760头有总性能指数（total performance index，TPI）的国外公牛和110头有中国奶牛性能指数（China performance index，CPI）的国内公牛中，通过筛选一牧云奶厅测产数据库获取，每头牛单胎次累积奶量范围［1 000，20 000］千克，对应校正系数泌乳天数≤400天，对应父亲号有CPI或TPI、产奶量信息公牛，共计得到591 672条产奶记录，其中国内公牛108头，对应女儿数据量14 769条，国外公牛1 695头，女儿数据量576 903条。

1. 公牛产奶量遗传性能与女儿305天校正产奶量的变化趋势

图8.43是公牛出生年份对应育种值、预测传递力及其女儿生产性能变化趋势。可以看出，国外公牛预测传递力从2000年的-200千克左右增至2014年的200千克左右；而对应女儿不同胎次305天校正产奶量从1胎7 971千克增至9 593千克；2胎和3胎及以上10 400千克（2000年出生公牛对应的女儿）增长到11 700千克（2014年出生公牛对应的女儿）。从公牛遗传水平的单因素看，预测传递力增加400千克，产奶量增加约1 400千克，仅父亲方面育种占比28.6%（400/1 400），基本符合家畜遗传育种对畜牧生产效率的提高贡献占40%左右的科学评估。

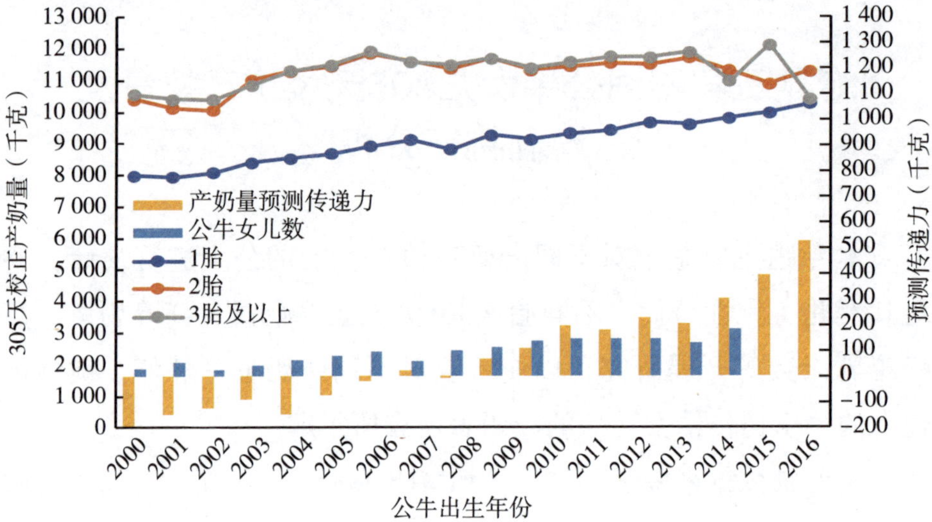

a. 国外公牛产奶量预测传递力与女儿305天校正产奶量

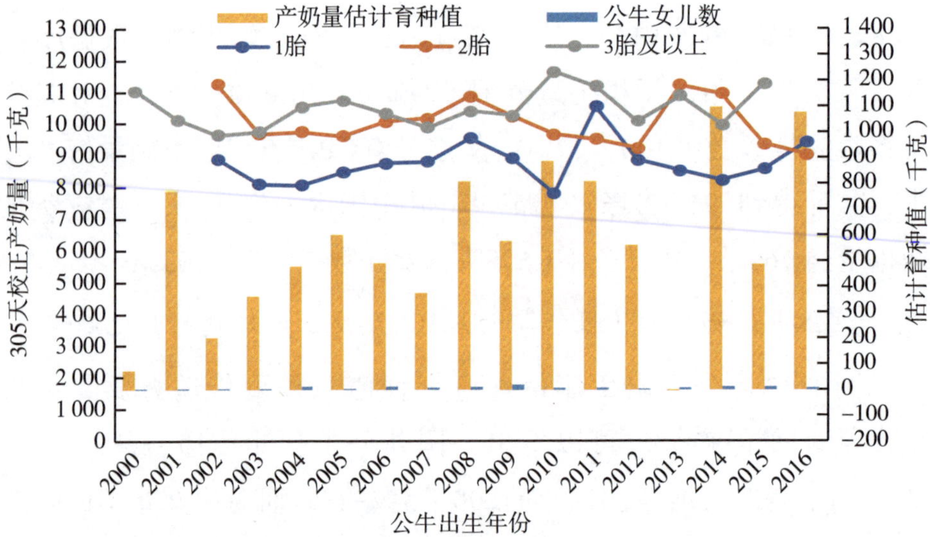

b. 国内公牛产奶量估计育种值与女儿305天校正产奶量

图8.43　国内、国外公牛出生年份对应育种值及其女儿生产性能的变化趋势

注：估计育种值等于2倍的预测传递力，国外2014年以后出生的公牛后代数据量较少，暂不分析；国内2004年之前和2014年之后出生的公牛后代数量较少，暂不分析。

国内公牛估计育种值从2004年的480千克左右增长到2014

年的570千克左右；而对应女儿不同胎次305天校正产奶量从1胎8 070千克增长到8 560千克；2胎和3胎及以上从平均10 100千克（2004年出生公牛对应的女儿）增长到10 260千克（2014年出生公牛对应的女儿）。从公牛遗传水平单因素看，估计育种值增加110千克，产奶量平均增加约280千克，仅父亲方面育种占比39.3%（110/280），也基本符合家畜遗传育种对畜牧生产效率的提高贡献占40%左右的科学评估。

2. 不同产奶量育种值排名公牛及其女儿产奶性能的表现

对国内、国外公牛产奶量育种值和预测传递力进行排名，分为排名前20%、排名后20%和中间排名三组，对应分组内公牛和后代女儿情况结果如表8.17和表8.18所示。

表8.17　国内、国外公牛产奶量育种值排名前20%与排名后20%

组别	国内		国外	
	产奶量平均值（千克）	头数（头）	产奶量平均值（磅）[①]	头数（头）
排名后20%	−106.7	22	−731.3	339
中间排名	614.2	64	242.4	1 017
排名前20%	1 328.3	22	1 255.0	339

国内、国外公牛产奶量育种值不同排名对应女儿305天校正产奶量对比结果如图8.44所示。可以看出，排名前20%、中间排名和排名后20%对应后代女儿305天校正产奶量中，总体趋势均为产奶量育种值或传递力排名靠前（前20%）的公牛，其女儿1胎、2胎、3胎及以上的305天校正产奶量均高于排名靠后（后20%）的公牛女儿。国内公牛结果出现部分排名靠前的低于排名靠后的，可能原因和数据量有关，一是公牛头数较少，二是女儿后代较少。

① 1磅约为0.45千克。

表8.18　国内、国外公牛产奶量育种值排名前、后20%对应女儿产奶性能

胎次	组别	国内					国外				
		女儿数（头）	牧场数（个）	女儿泌乳峰值泌乳天数（天）	女儿泌乳峰值奶量（千克）	女儿校正305天奶量（千克）	女儿数（头）	牧场数（个）	女儿泌乳峰值泌乳天数（天）	女儿泌乳峰值奶量（千克）	女儿校正305天奶量（千克）
1胎	排名后20%	973	33	83	36	8 107	24 007	100	88	36	8 364
	中间排名	4 744	86	88	37	8 871	157 585	164	90	39	9 248
	排名前20%	1 669	31	98	37	9 010	59 094	148	90	42	9 937
2胎	排名后20%	551	34	67	47	10 513	19 529	98	67	48	10 747
	中间排名	2 656	81	71	48	10 114	117 424	136	68	51	11 510
	排名前20%	1 345	31	72	48	10 762	26 357	127	67	54	11 699
3胎及以上	排名后20%	466	35	66	50	10 389	31 363	86	67	52	10 943
	中间排名	1 910	60	70	50	10 420	127 648	117	67	55	11 621
	排名前20%	455	28	63	49	10 165	13 896	93	66	56	11 832

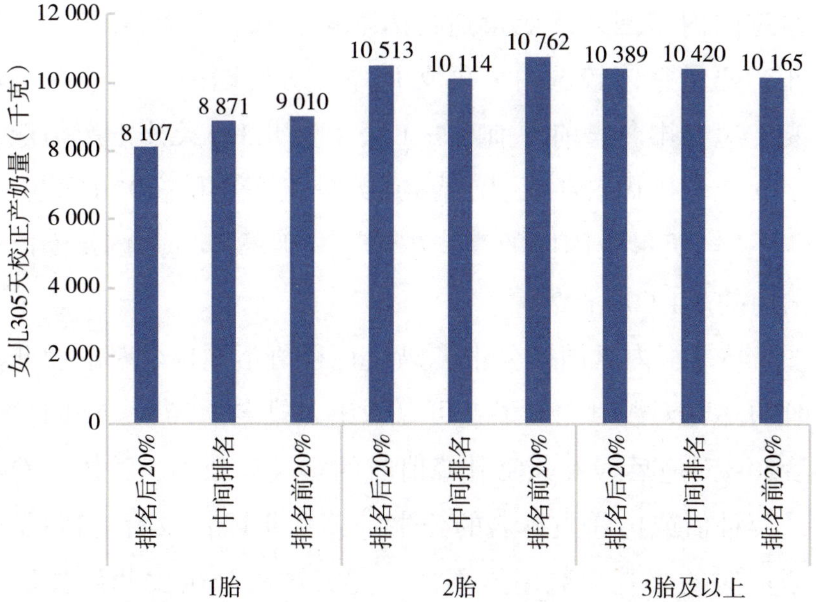

a. 国内

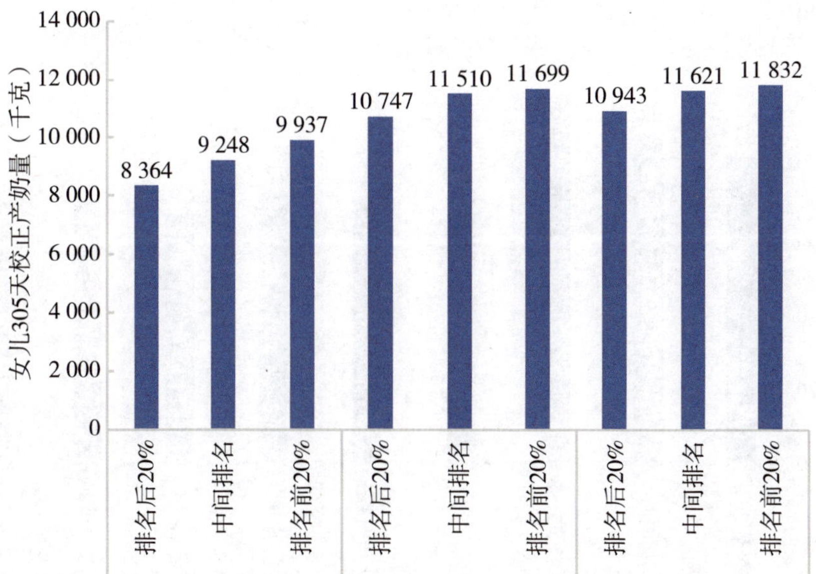

b. 国外

图8.44　国内、国外公牛产奶量育种值排名前、后20%女儿不同胎次305天校正产奶量对比

通过国内与国外产奶量遗传力靠前公牛的比较来看，国外公牛女儿产奶量整体较国内公牛女儿高。对比国内、国外产奶量育种值或传递力排名靠前（前20%）公牛女儿305天校正产奶量，国外公牛女儿较国内公牛女儿1胎305天校正产奶量高920千克，2胎305天校正产奶量较国内的高930千克，3胎及以上305天校正产奶量较国内的高1 600千克。

图8.45是国内、国外公牛产奶量育种值不同排名对应女儿泌乳峰值时的泌乳天数对比结果。可以看出，排名前20%、中间排名和排名后20%对应后代女儿泌乳峰值时的泌乳天数中，整体来看不同产奶量育种值或传递力排名的公牛，其女儿1胎、2胎、3胎及以上泌乳峰值时的泌乳天数差异不大，尤其国外公牛女儿泌乳峰值时的泌乳天数基本一致。

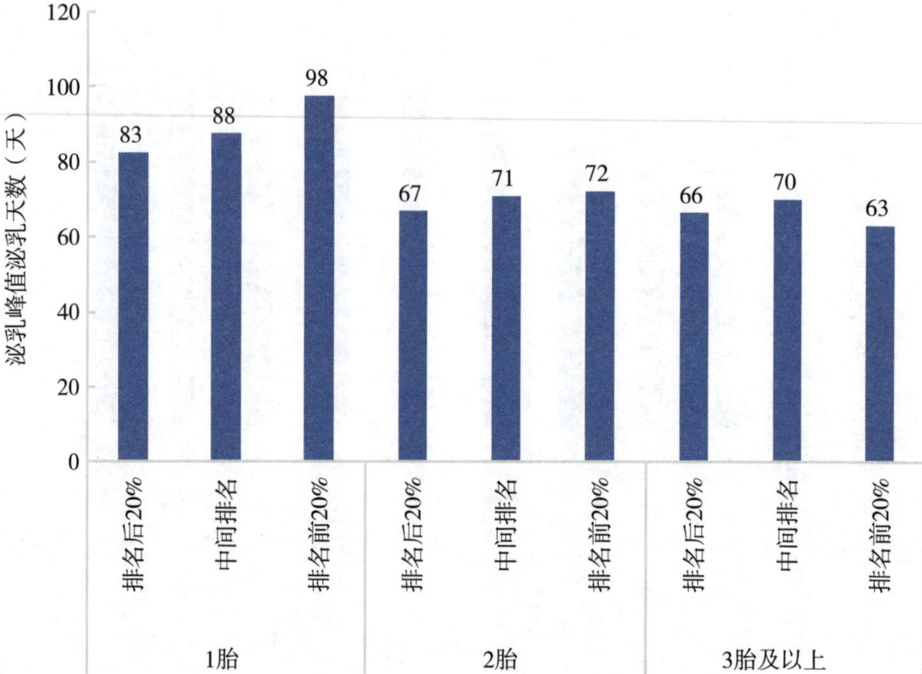

a. 国内

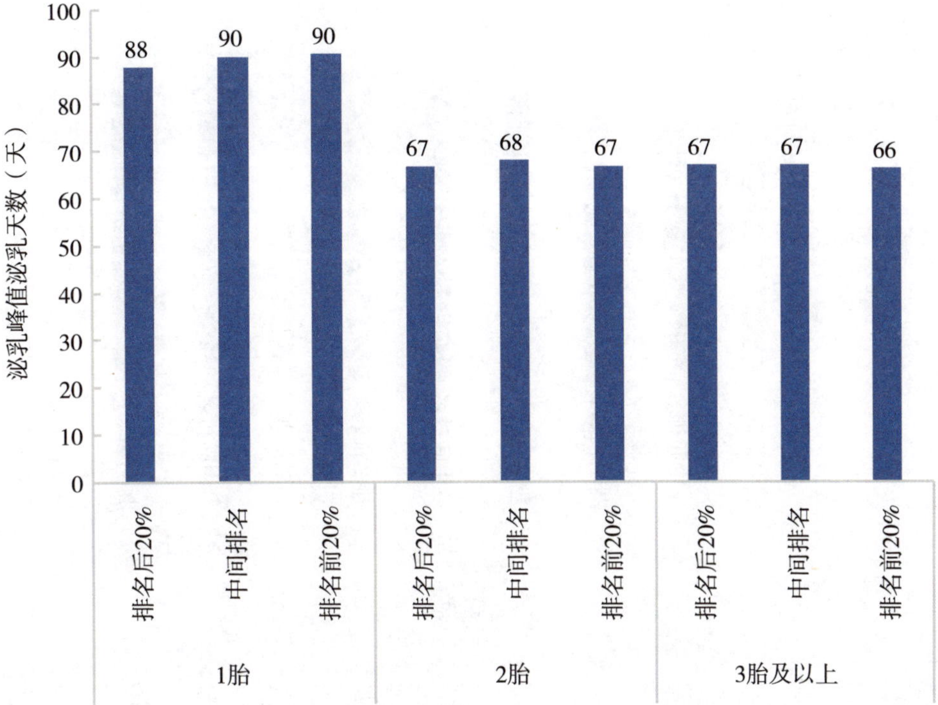

b. 国外

图8.45 国内、国外公牛产奶量育种值排名前、后20%女儿不同胎次泌乳峰值泌乳天数对比

从国内与国外产奶量遗传力靠前公牛比较看，国外公牛女儿泌乳峰值时的泌乳天数较为稳定，头胎牛为88～90天，经产牛为66～68天；国内公牛女儿泌乳峰值时的泌乳天数有所波动，头胎牛为83～98天，经产牛为63～72天。

图8.46是国内、国外公牛产奶量不同排名对应女儿泌乳峰值时奶量的对比结果。可以看出，公牛产奶量排名前20%、中间排名和排名后20%对应后代女儿泌乳峰值的奶量中，整体来看不同产奶量育种值或传递力排名的公牛，国内公牛女儿1胎、2胎、3胎及以上泌乳峰值的奶量差异不大（1千克以内）；国外公牛女儿1胎、2胎、3胎及以上泌乳峰值的奶量差异较大（4～6千克）。

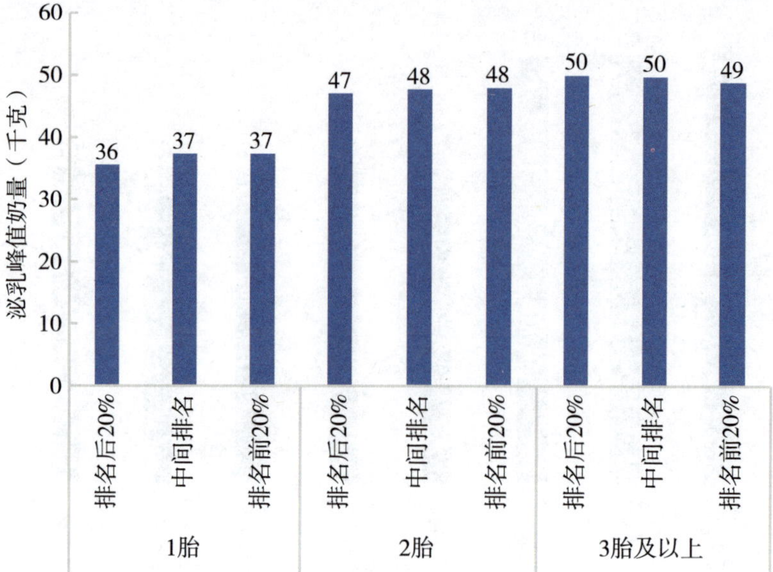

a. 国内

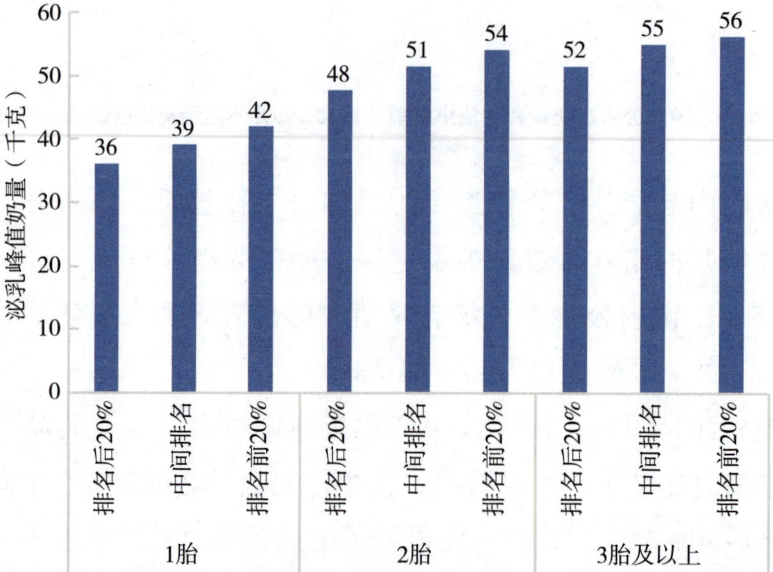

b. 国外

图8.46　国内、国外公牛产奶量育种值排名前、后20%女儿不同胎次泌乳峰值的奶量对比

从国内与国外产奶量遗传力靠前公牛的比较看，国外公牛女儿泌乳峰值的奶量整体较国内公牛女儿高。对比国内、国外产奶量育种值或传递力排名靠前（前20%）公牛女儿泌乳峰值的奶量，国外公牛女儿1胎泌乳峰值的奶量较国内公牛女儿的高5千克，2胎泌乳峰值的奶量较国内的高6千克，3胎及以上泌乳峰值的奶量较国内的高7千克。

3. 一牧云DWeb系统公牛冻精的登记规范

在【库存管理】-【冻精列表】当中，点击新增，输入标准的NAAB号：3位数字+品种代号+5位数字，例如“011HO11372”，若系统后台公牛库当中可查询到该公牛注册信息，则会自动填入其他相关信息，之后可直接确认录入，如下图8.47所示。

图8.47　一牧云DWeb系统（冻精新增）

若在后台查询不到相关信息时，可根据冻精公司提供的公牛信息表和图册等内容，填入相关信息，或者统一全部填写为10位NAAB标准编号。

冻精库存使用说明如下。

（1）依次点击：【系统设置】-【参数设置】，其他信息板块中包含“冻精库存”，选择开启，点击保存，则开启该功能（图8.48）。

图8.48　一牧云DWeb系统（参数设置）

（2）开启后公牛列表当中可删除已经不使用的冻精，同时对于当前正在使用的冻精进行入库或者调整操作，维护到真实库存量。

说明：一旦开启冻精库存，将无法选择冻精库存为0的冻精进行配种，必须先保证库存量大于0才可以正常使用录入配种信息。

（3）若冻精出现非正常损耗，可点击操作当中的“调整”对冻精库存进行增减，同时在操作记录当中会记录所有的更改记录，录入配种时，冻精库存会自动进行核减，配种时消耗量为1时，为正常配种，消耗量登记>1时，多余冻精会按损耗进行出库。

（4）【库存管理】-【历史统计】中可展示每月实际冻精使用量，如下图8.49所示。

序号	日期	2021-04		2021-03		2021-02		2021-01	
	NAAB	配种数量	损耗数量	配种数量	损耗数量	配种数量	损耗数量	配种数量	损耗数量
1	507HO12436			119	119	57	357		
2	550HO13449	163	163	6	6	46	46	188	687
3	507HO13302							5	5
4	29HO18922	633	633	155	1015				
5	BULL	4	4	3	3	1	1	2	2
6	29HO19017			14	14	282	282	392	392
7	007HO12844			2	2	324	324	325	325
8	29HO18756	4	4	2	2	3	3	1	1
9	29HO18822			453	1013	2	2		
合计	--	804	804	754	2174	715	1015	913	1412

图8.49 一牧云DWeb系统（历史统计）

好的冻精记录习惯可以保证系谱信息的完整性，完整的系谱信息对于牛群的长期健康良性发展具有重要意义！

专题六：公牛女儿长寿性状与终生奶量分析

本专题主要对死淘牛只长寿性状（生产寿命、在群寿命、利用胎次）和终生奶量进行统计分析，以便大家对长寿性状和不同生产寿命预测传递力的公牛遗传给女儿后的长寿性表现，以及终生奶量有所了解。

本专题中采用的数据来源于一牧云（YIMUCloud）“牧场生产管理与服务支撑系统”中死淘牛只记录，数据筛选条件：一是死淘牛只，其中死淘原因除去优秀奶牛出售不计；二是头胎产犊日龄［600，1 800］天；三是生产寿命≥0天，共计得到402 936头牛只，出生年份2000—2020年，死淘年份2004—2021年。

指标计算：根据死淘牛只出生日期、头胎产犊日期、死淘日期计算主要指标，计算公式如下。

头胎产犊日龄=头胎产犊日期-出生日期

生产寿命=死淘日期-头胎产犊日期

在群寿命=死淘日期-出生日期

公牛女儿长寿性数据：筛选公牛号统一标准后可区分国内、国外的公牛，得到国内公牛女儿17 136头，国外公牛女儿311 700头用于统计分析。

奶量数据筛选：通过筛选一牧云奶厅测产数据库，每头牛单胎次累积奶量范围［1 000，20 000］千克，筛选从1胎至死淘胎次均有产奶数据牛只，匹配死淘牛只信息内父亲号（以区分公牛国内、国外来源），共计得到121 446头母牛，235 191条产奶记录，其中国内公牛144头，对应女儿数据量2 381头（16头国际注册公牛，262头女儿记录），国外公牛1 210头，女儿数119 065条用于统计分析。

1. 死淘牛只情况简介及长寿性状统计

（1）死淘牛只淘汰类型及原因。根据死淘牛只死淘类型和主动、被动淘汰情况进行统计，结果见下图8.50、图8.51。可以看出，淘汰牛只占比78.81%，死亡牛只占比21.19%；死淘牛只中主动淘汰占比29.88%，被动淘汰占比70.12%。

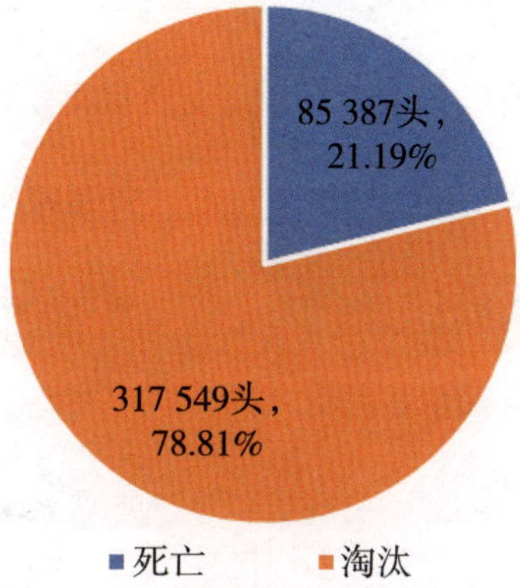

图8.50 牛只死淘类型对应头数及占比

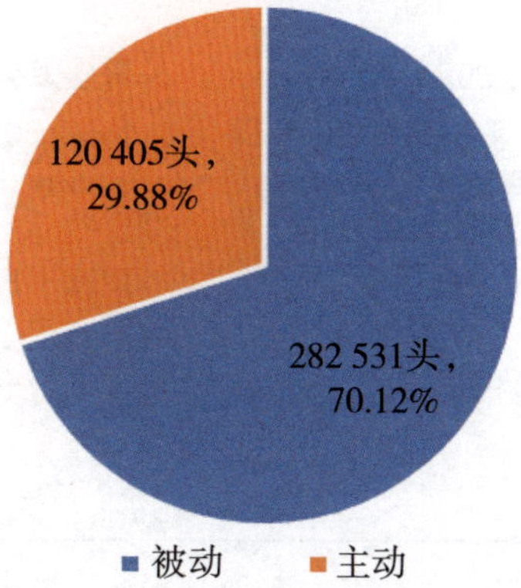

图8.51 牛只主动、被动淘汰对应头数及占比

根据死淘原因统计，结果见下表8.19。可以看出，死淘原因排名前5的：一是繁殖原因（屡配不孕、其他繁殖系统疾病、繁殖障碍）占比14.80%，二是产量过低占比13.48%，三是消化、代

谢疾病占比约19.87%，四是乳腺炎占比5.94%，五是肺炎占比约5.35%，其他原因占比21.31%。

表8.19　牛只死淘原因对应头数与占比

死淘原因	头数（头）	占比（%）	死淘原因	头数（头）	占比（%）
其他	85 861	21.31	其他乳房疾病	7 545	1.87
其他消化系统疾病	55 036	13.66	乳房发育不良	7 125	1.77
产量过低	54 313	13.48	产后瘫痪	6 912	1.72
屡配不孕	35 874	8.90	其他疫病	5 724	1.42
乳腺炎	23 945	5.94	流产	4 087	1.01
其他繁殖系统疾病	22 998	5.71	其他呼吸系统疾病	2 920	0.72
肺炎	21 554	5.35	体况肥胖	2 480	0.62
滑倒卧地不起（劈叉）	20 474	5.08	肠梗阻、金属器具病	1 587	0.39
蹄病	13 699	3.40	繁殖障碍	754	0.19
外科疾病	11 547	2.87	牛行为问题	211	0.05
其他代谢系统疾病	9 112	2.26	发育不良	144	0.04
产后真胃变位	8 987	2.23	先天性异形蹄	47	0.01
			总计	402 936	100.00

（2）长寿性状统计。由表8.20可以看出，头胎产犊日龄平均约为740.8天（约24.6月），生产寿命平均约为764.8天（约25.4月），在群寿命平均约为1 505.6天（约50.0月），利用胎次平均约2.3胎，其中最大利用胎次为13胎，最小为1胎。

表8.20　牛只头胎产犊日龄、生产寿命、在群寿命及利用胎次描述性统计

指标	头数（头）	平均值（天）	标准差（天）	最大值（天）	最小值（天）
头胎产犊日龄	402 936	740.8	86.8	1 798	600
生产寿命	402 936	764.8	564.0	5 294	1
在群寿命	402 936	1 505.6	575.1	6 086	602
利用胎次（胎）	402 936	2.3	1.4	13	1

2. 公牛女儿长寿性状描述性统计

由表8.21可以看出，国内公牛女儿头胎产犊日龄平均约为755.44天（约25.1月），生产寿命平均约为697.12天（约23.2月），在群寿命平均约为1 452.55天（约48.3月），利用胎次平均约2.18胎，其中最大利用胎次为10胎，最小为1胎。

表8.21　国内公牛女儿长寿性状描述性统计

指标	头数（头）	平均值（天）	标准差（天）	最大值（天）	最小值（天）
头胎产犊日龄	17 136	755.44	102.25	1 798	600
生产寿命	17 136	697.12	575.43	3 969	1
在群寿命	17 136	1 452.55	584.37	4 681	612
利用胎次（胎）	17 136	2.18	1.34	10	1

由表8.22可以看出，国外公牛女儿头胎产犊日龄平均约为721.62天（约24月），生产寿命平均约为738.75天（约24.5月），在群寿命平均约为1 460.37天（约48.5月），利用胎次平均约2.29胎，其中最大利用胎次为11胎，最小为1胎。

表8.22 国外公牛女儿长寿性描述性统计

指标	头数（头）	平均值（天）	标准差（天）	最大值（天）	最小值（天）
头胎产犊日龄	311 700	721.62	62.64	1 649	600
生产寿命	311 700	738.75	532.62	4 263	1
在群寿命	311 700	1 460.37	537.95	5 064	602
利用胎次（胎）	311 700	2.29	1.33	11	1

根据国外公牛生产寿命预测传递力（PTA）高低进行排名，之后分为三组，排名后20%、中间排名与排名前20%，统计三个分组内公牛女儿长寿性性状。结果如下表8.23所示。

由表8.23可以看出，排名前20%公牛女儿生产寿命和在群寿命均低于中间和排名后20%的公牛女儿。推测可能原因：一是多数生产寿命PTA排名靠前的公牛为近几年出生（平均出生年份2013年），其后代女儿在群的较多，死淘数较少，统计结果有一定的偏差；二是生产寿命遗传力0.08较低，且生产寿命PTA可靠性较低，30%左右［来源：The Council of Dairy Cattle Breeding（uscdcb.com）］。

表8.23 国外公牛生产寿命不同排名分组下女儿长寿性状情况

组别	头数（头）	生产寿命（天）	在群寿命（天）	头胎产犊日龄（天）	公牛头数（头）	公牛生产寿命PTA（月）	公牛平均出生年份
排名后20%	71 625	836.53	1 570.94	734.41	281	−3.15	2004
中间排名	202 007	738.15	1 455.92	717.77	892	0.52	2009
排名前20%	31 086	525.00	1 229.25	704.25	317	3.61	2013
总计	304 718	739.53	1 459.83	720.30	1 490	0.45	2009

为进一步验证我们的假设，我们根据国外公牛出生年份分组，对应生产寿命PTA、女儿生产寿命和女儿在群寿命进行作图，如下图8.52所示。

由图8.52可看出，公牛生产寿命PTA逐年上升，但对应女儿生产寿命、在群寿命均呈现下降趋势，主要原因生产寿命这一性状较为滞后，以2010年出生的公牛为例，其冻精可以投入生产并供牧场使用，至少需要60～80个月（验证公牛，注：基因组选择实施于2009年左右开始），而公牛女儿投入生产和死淘需要经过24～60个月（总共需要84～140个月，即7～12年），所以，2010年出生的公牛，其后代部分还处于在群，2011—2015年出生的公牛，其后代多数还处于在群，不具有代表性。

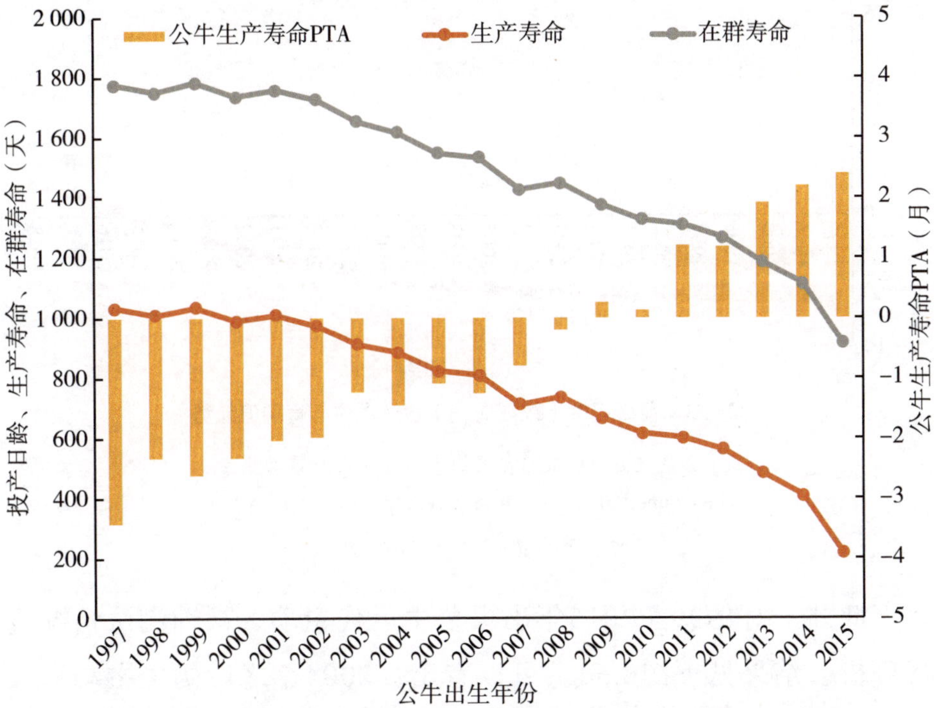

图8.52　不同出生年份公牛生产寿命预测传递力对应女儿长寿性状变化趋势

此外，为对比本专题数据有效性，我们根据美国奶牛育种委员会（CDCB）官网提供的生产寿命育种值数据［The Council of Dairy Cattle Breeding（uscdcb.com）］作图，见下图8.53。结果可见，1999—2011年母牛生产寿命呈现明显下降趋势，由28.79月下降到24.86月（约4个月，120天），而对应的公牛、母牛育种值均为上升趋势，可见生产寿命这一性状确实有滞后性。

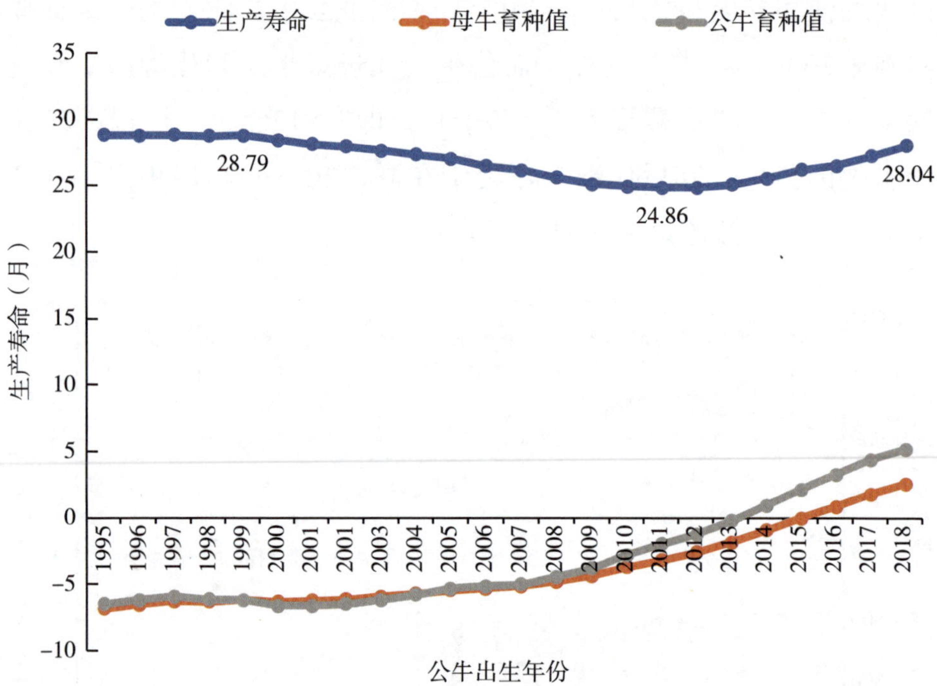

图8.53　荷斯坦牛（或红白花）生产寿命与育种值趋势

［资料来源：CDCB官网的生产寿命育种值数据，The Council of Dairy Cattle Breeding（uscdcb.com）］

注：育种值=2×预测传递力。

此外，对1999—2015年出生公牛后代主动、被动淘汰情况进行分析，结果见下图8.54。可以看出，2004年之后奶牛主动淘汰占比较2004年之前的30%以下明显增加，上升到2004—2011年的30%～35%。从这一点也可以看出国内奶牛长寿性状下降的原因，环境因素影响也较大。

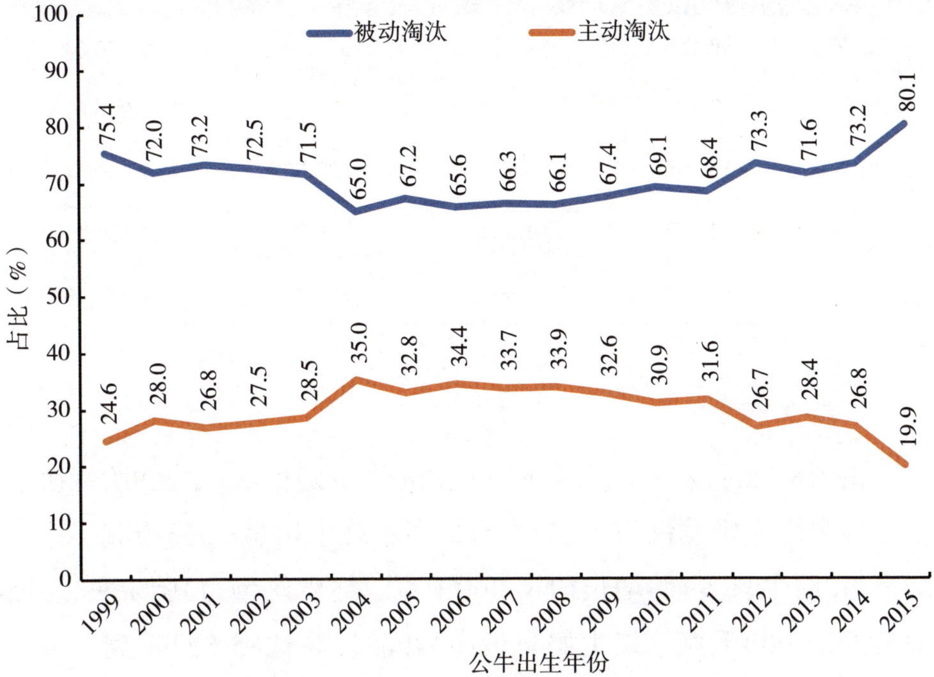

图8.54　1999—2015年出生公牛后代主动、被动淘汰占比情况

按国外公牛女儿死淘年份分组，筛选>10 000头的年份开始，结果见下表8.24，可见从2015年至2021年，头胎产犊日龄从738.81天（约24.5月龄）下降至711.85天（约23.6月龄），生产寿命从561.48天（18.7月）提升至914.91天（30.4月），在群寿命从1 300.30天（43.2月）提升至1 626.76天（54.0月），死淘牛只的头胎产犊日龄及生产寿命，也客观说明了规模化牧场生产管理水平的提升。

表8.24　2015—2021年公牛女儿死淘年份对应长寿性情况

死淘年份	头数（头）	投产日龄（天）	生产寿命（天）	在群寿命（天）
2015年	17 898	738.81	561.48	1 300.30
2016年	29 851	733.52	603.38	1 336.90

（续表）

死淘年份	头数（头）	投产日龄（天）	生产寿命（天）	在群寿命（天）
2017年	32 458	727.35	642.74	1 370.08
2018年	42 123	722.11	673.76	1 395.87
2019年	51 105	717.47	762.95	1 480.42
2020年	58 392	714.65	846.71	1 561.36
2021年	60 853	711.85	914.91	1 626.76

3. 终生奶量

由图8.55可以看出，国外公牛女儿终生奶量从1胎至9胎依次递增，其中终生奶量仅为1胎的牛只最多，终生奶量8 363千克，终生奶量为2胎牛只较1胎增长约10 000千克，终生奶量为3胎牛只较2胎增长近12 000千克，终生奶量最高为9胎，高达85 851千克，可见胎次越高，终生奶量越高（即长寿的牛只，产奶量也较高）；国内公牛女儿有终生奶量个体数据较少，在此不做分析。

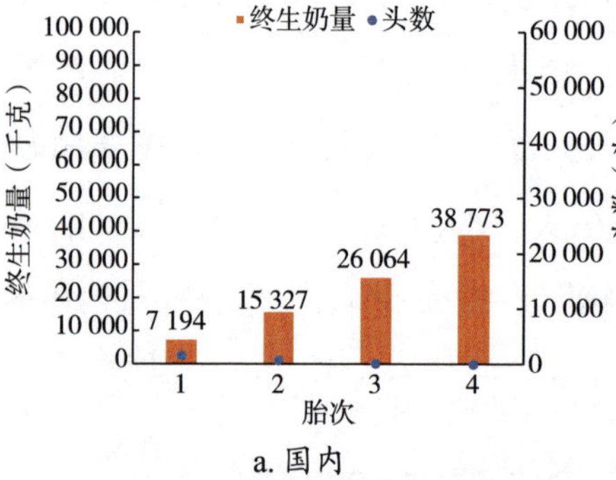

a. 国内

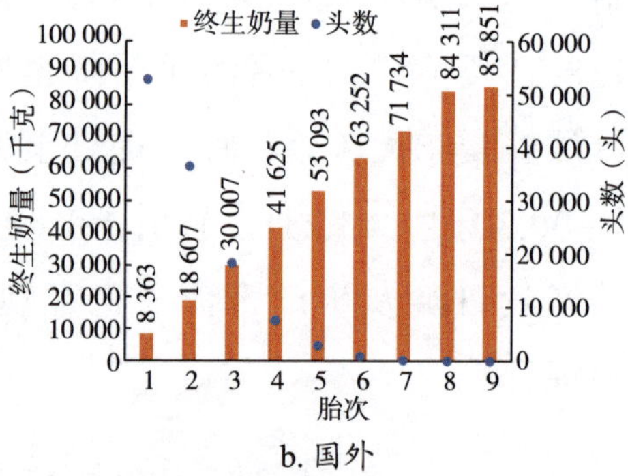

b. 国外

图8.55　国内、国外公牛女儿死淘时终生奶量

由表8.25可以看出，国外公牛女儿终生奶量排名前30的，其胎次、生产寿命、在群时间也均较高。

表8.25 国外公牛女儿终生奶量排名前30

牛号	公牛名	胎次	生产寿命（天）	终生奶量（千克）	在群时间（天）
COW01	001HO07231	8	3 329	114 719	4 036
COW02	001HO06943	8	3 055	103 398	3 807
COW03	001HO07336	8	3 171	103 359	3 914
COW04	001HO07231	8	2 929	101 701	3 618
COW05	011HO07856	9	3 274	100 775	4 006
COW06	011HO07856	8	2 879	100 107	3 590
COW07	029HO11909	7	2 597	99 357	3 329
COW08	029HO11909	7	2 644	98 767	3 393
COW09	007HO08644	7	3 046	98 208	3 776
COW10	001HO06943	7	3 242	98 174	3 953
COW11	001HO07094	8	3 043	97 124	3 789
COW12	014HO04148	8	2 918	96 687	3 678
COW13	001HO06943	7	2 954	96 189	3 900
COW14	029HO13250	7	2 624	96 002	3 327
COW15	014HO04148	7	2 984	94 995	3 689
COW16	011HO09607	7	2 680	94 558	3 376
COW17	029HO13360	6	2 339	94 392	3 075
COW18	001HO06833	8	2 965	94 239	3 674
COW19	011HO07856	8	2 879	93 643	3 579
COW20	029HO13250	6	2 547	93 089	3 265
COW21	029HO13205	7	2 414	92 877	3 134
COW22	011HO09861	7	2 437	92 320	3 139
COW23	011HO10662	6	2 200	91 471	2 831
COW24	001HO08631	6	2 430	91 430	3 041

（续表）

牛号	公牛名	胎次	生产寿命（天）	终生奶量（千克）	在群时间（天）
COW25	011HO09898	7	2 701	90 980	3 434
COW26	200HO02005	7	2 464	90 780	3 198
COW27	001HO07094	6	3 238	90 732	3 958
COW28	029HO13454	6	2 185	90 412	2 953
COW29	011HO08631	6	2 172	89 963	2 880
COW30	011HO10042	7	2 734	89 858	3 470

由表8.26可以看出，国内公牛女儿终生奶量排名前30的，其胎次、生产寿命、在群时间也均较高。

表8.26　国内公牛女儿终生奶量排名前30

牛号	公牛名	胎次	生产寿命（天）	终生奶量（千克）	在群时间（天）
牛号01	538HO00684	4	1 193	52 071	1 921
牛号02	538HO00684	4	1 303	44 730	1 988
牛号03	538HO00684	4	1 191	43 769	1 905
牛号04	538HO00684	4	1 212	43 182	1 863
牛号05	538HO00684	3	1 081	43 124	1 768
牛号06	538HO00684	4	1 211	42 840	1 904
牛号07	538HO00684	3	1 273	39 961	1 977
牛号08	538HO00684	4	1 128	39 871	1 796
牛号09	538HO00684	3	969	39 619	1 648
牛号10	538HO00684	3	1 188	38 813	1 871
牛号11	538HO00684	4	1 332	38 587	2 008
牛号12	538HO00684	4	1 136	38 217	1 812

（续表）

牛号	公牛名	胎次	生产寿命（天）	终生奶量（千克）	在群时间（天）
牛号13	538HO00684	4	1 197	38 013	1 888
牛号14	538HO00684	3	1 065	37 306	1 733
牛号15	538HO00684	3	1 024	37 280	1 722
牛号16	291HO00668	4	1 297	37 074	1 990
牛号17	538HO00684	3	988	36 197	1 802
牛号18	538HO00684	4	1 320	35 898	2 018
牛号19	538HO00684	3	1 102	35 544	1 773
牛号20	538HO00684	3	1 084	35 505	1 730
牛号21	31108100	3	1 064	35 314	1 875
牛号22	291HO00668	3	1 172	35 131	1 830
牛号23	538HO00684	3	1 157	34 614	1 827
牛号24	538HO00684	3	1 123	34 585	1 831
牛号25	538HO00684	3	1 010	34 487	1 707
牛号26	538HO00684	2	1 227	34 119	1 891
牛号27	538HO00684	4	1 214	34 077	1 881
牛号28	13110225	3	1 323	34 050	2 107
牛号29	538HO00684	3	1 044	34 031	1 724
牛号30	538HO00684	3	1 086	33 907	1 764

4. 总结

通过统计遗传力较低的长寿性状和终生产量，分析了公牛遗传进展及对应性状的后裔女儿表现结果。发现长寿性状为低遗传力性状，但相同条件下，育种值较高的种公牛后裔女儿仍有较好的表现，并且长寿的牛只，终生奶量也较高。

由此可以看出优质的种公牛种质资源对中国奶牛生产水平发挥了重大的作用，且随着牧场生产管理水平的提升以及生产养殖的标准化，在牧场综合盈利能力提升方面，选种选育将发挥越来越重要的作用，而信息记录的完整性是选种选育的基础。

使用一牧云系统将会更好地保证系谱资料完整性与准确性，且对于一牧云系统用户，建议开启冻精列表的公牛校验功能，从而在未来获得更准确的系谱记录与核心育种群构建的资料。

参考文献

董艳，贾雯晴，王正阳，等，2021. 全球数字农业创新分析及对中国数字农业发展的思考[J]. 农业科技管理，40（6）：10-16.

冯启，张旭，2013. 中国乳企的战略布局与发展思路分析[J]. 乳品与人类（1）：4-19.

李保明，王阳，郑炜超，等，2021. 畜禽养殖智能装备与信息化技术研究进展[J]. 华南农业大学学报，42（6）：18-26.

刘玉芝，李敏，李德林，等，2009. 正确解读和应用DHI数据，提高牛群科学管理水平[A]. 中国奶业协会年会论文集2009（上册）[C]. 中国奶业协会：中国奶牛编辑部.

刘仲奎，2013. 规模化牧场泌乳奶牛群生产效益的五个评价体系[J]. 今日畜牧兽医：奶牛（5）：54-57.

夏雪，侍啸，柴秀娟，2020. 人工智能驱动智慧奶牛养殖的思考与实践[J]. 中国乳业（8）：5-9.

钟文晶，罗必良，谢琳，2021. 数字农业发展的国际经验及其启示[J]. 改革（5）：64-75.

邹岚，魏传祺，彭博，等，2021. 我国智慧畜牧业发展概况和趋势[J]. 农业工程，11（9）：26-29.

附录

箱线图说明

箱线图也称箱须图、箱形图、盒图，用于反映一组或多组连续型定量数据分布的中心位置和散布范围。箱线图包含数学统计量，不仅能够分析不同类别数据各层次水平差异，还能揭示数据间离散程度、异常值、分布差异等。

箱线图可以用来反映一组或多组连续型定量数据分布的中心位置和散布范围，因形状如箱子而得名。1977年，美国著名数学家John W. Tukey首先在他的著作《Exploratory Data Analysis》中介绍了箱线图。

在箱线图中，箱子的中间有一条线，代表了数据的中位数。箱子的上下底分别是数据的上四分位数（Q3）和下四分位数（Q1），这意味着箱体包含了50%的数据。因此，箱子的高度在一定程度上反映了数据的波动程度。上下边缘则代表了该组数据的最大值和最小值。有时候箱子外部会有一些点，可以理解为数据中的“异常值”。

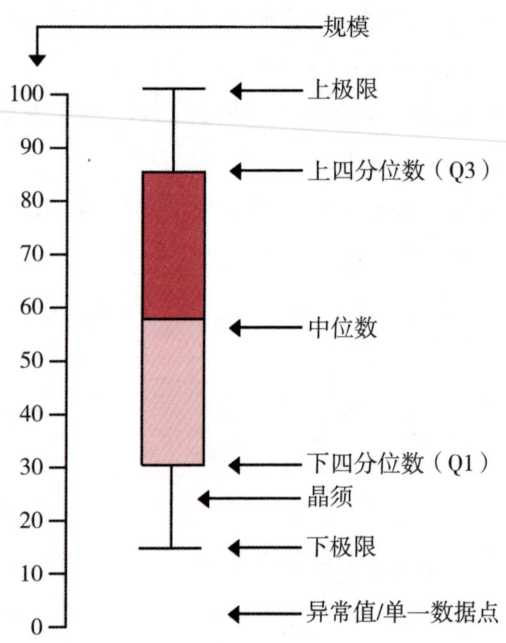

四分位数

一组数据按照从小到大顺序排列后，把该组数据四等分的数，称为四分位数。第一四分位数（Q1）、第二四分位数（Q2，也叫“中位数”）和第三四分位数（Q3）分别等于该样本中所有数值由小到大排列后第25%、第50%和第75%的数字。第三四分位数与第一四分位数的差距又称四分位距（interquartile range，IQR）。

偏态

与正态分布相对，指的是非对称分布的偏斜状态。在统计学上，众数和平均数之差可作为分配偏态的指标之一：如平均数大于众数，称为正偏态（或右偏态）；相反，则称为负偏态（或左偏态）。

箱线图包含的元素虽然有点复杂，但也正因为如此，它拥有许多独特的功能。

1. 直观明了地识别数据批中的异常值

箱线图可以用来观察数据整体的分布情况，利用中位数、上四分位数、下四分位数、上极限（上边界）、下极限（下边界）等统计量来描述数据的整体分布情况。通过计算这些统计量，生成一个箱体图，箱体包含了大部分的正常数据，而在箱体上极限和下极限之外的，就是异常数据。

2. 判断数据的偏态和尾重

对于标准正态分布的大样本，中位数位于上下四分位数的中央，箱线图的方盒关于中位线对称。中位数越偏离上下四分位数的中心位置，分布偏态性越强。异常值集中在较大值一侧，则分布呈现右偏态；异常值集中在较小值一侧，则分布呈现左偏态。

3. 比较多批数据的形状

箱子的上下限，分别是数据的上四分位数和下四分位数。这意味着箱子包含了50%的数据。因此，箱子的宽度在一定程度上反映了数据的波动程度。箱体越扁说明数据越集中，端线（也就是“须”）越短说明数据越集中。凭借着这些“独门绝技”，箱线图在使用场景上也很不一般，最常见的是用于质量管理、人事测评、探索性数据分析等统计分析活动。

致　谢

谨此向所有支持和关心一牧云发展的客户、行业领导、顾问和合作伙伴及相关人士表示衷心感谢！今天所取得的成绩是我们共同努力的成果，没有你们的大力支持也就没有这本《中国规模化奶牛场关键生产性能现状（2022版）》的成功出版。